单片机应用技术及技能训练

董　毅　主编

范宏伟　曲哨苇　李兆敏　副主编

辽宁科学技术出版社

·沈阳·

图书在版编目（CIP）数据

单片机应用技术及技能训练 / 董毅主编；范宏伟，曲哨苇，李兆敏副主编 .— 沈阳：辽宁科学技术出版社，2022.12（2024.6重印）

ISBN 978-7-5591-2816-4

Ⅰ.①单… Ⅱ.①董… ②范… ③曲… ④李… Ⅲ.①单片微型计算机 Ⅳ.① TP368.1

中国版本图书馆 CIP 数据核字（2022）第 214372 号

出版发行：辽宁科学技术出版社
（地址：沈阳市和平区十一纬路 25 号 邮编：110003）
印 刷 者：沈阳丰泽彩色包装印刷有限公司
幅面尺寸：185mm × 260mm
印　　张：13
字　　数：300 千字
出版时间：2022 年 12 月第 1 版
印刷时间：2024 年 6 月第 2 次印刷
责任编辑：高雪坤
封面设计：博瑞设计
版式设计：博瑞设计
责任校对：栗　勇

书　　号：ISBN 978-7-5591-2816-4
定　　价：68.00 元

编辑电话：024-23284360
邮购热线：024-23284502
http://www.lnkj.com.cn

辽宁煤炭技师学院国家级高技能人才培训基地系列培训教材编写委员会

组　　长　毕树海　李志民

副 组 长　廖　颖　王　平　常延玲

成　　员　马　良　潘远东　杨　娜　李　慧　李　昱
郑舒云　孙革琳　纪正君　刘丽杰　董　毅
从小玲　童雯艳　李传宝　徐　茜　刘　强
祁　贺　张鹏野

本书编委会

主　　编　董　毅

副 主 编　范宏伟　曲哨苇　李兆敏

参　　编　潘远东　童雯艳　吴宪亮　王壮壮　李　妍
屈　雪　祁　贺　赵　芳　罗　莎

前　言

21世纪，电子技术的发展日新月异，同时出现了各种新型数据传输接口技术和新器件，例如SPI通信、USB通信、网络通信等等，但大部分有关单片机的书籍基本上没有提及。首先，以编程工具为例，现在的项目开发主要以C语言为主，已经很少有人使用汇编语言进行项目开发。程序不再是由一个人独自编写，而是由一个团队进行协作式编写，一部分人负责接口编程，一部分人负责器件功能编程，一部分人负责总体架构。由此看来，C语言编程为团队协作式开发提供了可能，但是从汇编语言的角度来看，往往只能由一个人进行编写，当然实现功能是没有问题的，但却要耗费更多的时间。

随着国内单片机开发工具研制水平的提高，现在的单片机仿真器普遍支持C语言程序的调试，例如，常见的8051系列单片机开发工具Keil、AVR单片机开发工具AVR Studio，这样为单片机使用C语言编程提供了相当便利的条件。使用C语言编程不必对单片机和硬件接口的结构有很深入的了解，聪明的编译器可以自动完成变量的存储单元的分配，用户只需要专注于应用软件部分的设计就可以了，这样就会大大加快软件的开发速度，而且使用C语言设计的代码，可以很容易地在不同的单片机平台进行移植。在软件的开发速度、软件质量、程序的可读性、可移植性这些方面都是汇编语言所不能比拟的。

在电子信息发展迅猛的年代，我们不仅要掌握89C51系列单片机的C语言编程，而且要掌握好按键、LCD等程序的编写，其几乎在每一个单片机系统中都有应用，例如，生活中常见的门禁系统。

本书图表较多，难免有疏漏之处，恳请读者批评指正，并且可以通过该E-mail地址：1775965850@qq.com进行反馈。

董毅

2022年8月

目 录

项目一　单片机的基本知识及开发环境

任务一　单片机的基本知识

【任务描述】

通过单片机的相关介绍，了解51单片机的构成及其引脚的功能。

【相关知识】

一、单片机的定义

单片机是在一块集成芯片上集成了一台有一定规模的微型计算机，简称为单片微型计算机或单片机（Single Chip Microcomputer），又叫微控制器，即MCU（Micro Controller Unit）。

单片机是一种可以输入指令程序的微型计算机，就是大家所说的电脑。它是以一种集成电路块的硬件形式出现的，即一个黑黑的塑料外边伸出了几十只金属引脚。如图1–1是一片40脚的AT89S51及一片20脚的89C2051的单片机。

图1–1　单片机外形

一台能够工作的计算机要由这样几个部件构成：CPU（进行运算和控制）、RAM（数据存储）、ROM（程序存储）、输入/输出设备（键盘和鼠标等）。在个人计算机上这些部件被分成若干块芯片，安装在一个称之为主板的印刷线路板上。而在单片机中，这些部件全部被安装在一块集成电路芯片中。而且有一些单片机除了上述部件外，还集成了其他部件，如A/D（模数转换）、D/A（数模转换）等。

二、单片机的用途

我们可以通过向单片机的内部输入一个程序，它就可以按照我们的吩咐为我们服务。那单片机具体可以做哪些事？可以洗衣做饭吗？其实我们生活中的电器大多都用到了单片机，我们的洗衣机里就用到了单片机（不全是，只是一些高档的全自动洗衣机中），单片机可以设定好洗衣时间，确定何时上水、何时脱水。我们家中的电磁炉、微波炉也用到了单片机，由它控制火量、时间。这样一来单片机真的可以为我们洗衣做饭。由于单片机是用程序进行控制的，所以节省了许多的硬件，而且让电路更加精准、小巧。如果各位同学有一定的电子制作基础的话，学习单片机技术就会更加容易。因为单片机的硬件部分的学习必须以一定的数模电子技术 （特别是数字电子技术）知识为基础。当然就算没有基础，也不要紧，在学习单片机的过程中逐渐地掌握模拟和数字电子的知识即可。

三、单片机的发展历程

1971年Intel公司研制出了世界上第一个4位的微处理器。1973年Intel公司研制出了8位的微处理器8080。1976年Intel公司研制出了MCS-48系列8位的单片机，这也意味着单片机的问世。

20世纪80年代初，Intel公司在MCS-48单片机的基础上，推出了MCS-51单片机。MCS-51单片机又叫80C51单片机，简称C51单片机或者51单片机。

我们最常用的单片机型号多为51系列单片机，这种单片机的技术比较成熟，在国外已经有几十年的发展历史了。可以说不管是它的稳定性，还是可靠性都近乎完美了。

最基本的单片机就是以51为内核的单片机。51内核的单片机80C51 是Intel 公司最早推出的一款8位的单片机。后来，不少大公司，如Atmel、Philips都借用80C51 系列单片机的内核开发出了有自己特色的单片机产品，目前初学者学习开发使用最广的当属Atmel 公司的89S 系列单片机（型号有89S51、89S52、89S55 等），89S 系列单片机也是51 内核并支持ISP （In System Program，在系统编程）在线下载程序，彻底地替代了早已经停产的89C 系列单片机（型号有89C51、89C52、89C55 等）。

四、为什么要学习单片机

51系列单片机是一个8位的单片机。它的CPU一次可以处理的最大位数是8位，位数越高说明其单片机的处理能力越强，速度越快。我们用的手机中的单片机一般都是32位的ARM系列芯片，而电脑主机的CPU基本都是64位的，可是不是处理位数越高就越好，这得看单片机用在什么方面，一般够用、适合即可。现在的8位单片机就可以轻易地应对各种设备的开发应用。目前单片机主要以8位和32位为主，16位单片机已逐渐失去市场。

五、单片机的引脚

当我们拿到一块单片机芯片时，看到这么多的“大腿”，它们都是干什么用的呢？这节课我们就针对这个问题简单讲解一下。

MCS-51是标准的40引脚双列直插式集成电路芯片，其引脚分布如图1-2所示。

电源引脚（40、20脚）：单片机使用的是5V电源，其中40引脚接正极（VCC），20

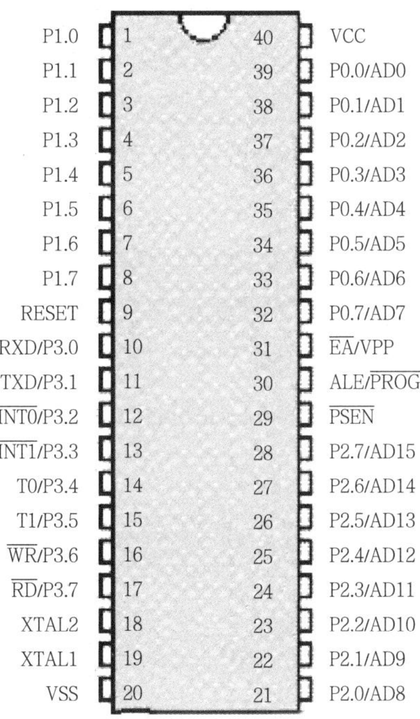

图1-2　MCS-51单片机引脚分布图

引脚接负极（VSS）或地（GND）。

振荡电路（18、19脚）：单片机是一种时序电路，必须提供脉冲信号才能正常工作，在单片机内部已集成了振荡器，需外接石英晶体，接到18、19脚。还有微调电容，正确连上就可以了。这两个脚的定义：

（1）时钟电路引脚XTAL2（18脚）：该脚接外部晶体和微调电容的一端，在8051内部，它是振荡电路反相放大器的输出端。振荡电路的频率就是固有频率。若采用外部时钟电路，该引脚输入外部时钟脉冲 。

（2）时钟电路引脚XTAL1（19脚）：该脚接外部晶体和微调电容的另一端。在单片机内，它是反相放大器的输入端。在采用外部时钟电路时，该脚必须接地。

复位引脚RESET（9脚）：它是复位信号输入端，高电平有效，当此脚保持两个机器周期，即24个时钟振荡周期为高电平时，即可完成复位操作。它还具有第二功能，即当主电源VCC发生故障，降低到低电平规定值时，将5V电源自动接入RESET端，为单片机提供备用电源，以保证信息不丢失，电源恢复后，能够正常工作。

EA/VPP引脚（31脚）：访问程序存储器控制信号端（又称外部存储器地址允许输入端）。

（1）当EA引脚接高电平时，CPU访问片内EPROM（CPU读取内部程序存储器ROM），并执行内部程序存储器中的指令。但在程序计数器PC的值超过0FFFH（8051）、1FFFH（8052）时，将自动转向片外程序存储器内的程序。

（2）当EA脚接低电平时，CPU只访问外部EPROM，并执行外部程序存储器中的指令，而不管是否有片内程序存储器。

（3）此脚还具有第二功能VPP：当对8751片内固化编程时，作为施加较高编程电压输入端，即8751烧写内部EPROM时，利用此脚输入21V的烧写电压。

PSEN（29脚）：程序存储器允许输入端（又称外部程序存储器读选通信号端），在读外部ROM时，PSEN低电平有效，以实现外部ROM单元的读写操作。

①内部ROM读取时，PSEN不动作。

②外部ROM读取时，在每个机器周期会动作2次。

③外部RAM读取时，2个PSEN脉冲被跳过不会输出。

④外接ROM时，与ROM的OE脚相接。

要检查一个8051小系统上电后能否正确到EPROM中读取指令，可用示波器看PSEN端有无脉冲，如有，说明基本工作正常。

ALE/PROG（30脚）：地址锁存控制信号端。8051正常工作时，ALE脚不断向外输出正脉冲信号，频率为振荡器频率的1/6，CPU访问外部数据存储器时，ALE作为锁存8位地址的控制信号。平时不访问外部存储器时，ALE也以1/6的振荡频率固定输出正脉冲。因此，ALE信号可以作为对外输出时钟或定时信号。

另外还有4个8位并行通信端口：

①P0口：8位双向 I/O 端口（32~39 引脚），即P0.7~P0.0 。

②P1口：8位双向 I/O 端口（1~8 引脚），即P1.0~P1.7。

③P2口：8位双向 I/O 端口（21~28 引脚），即P2.0~P2.7 。

④P3口：8位双向 I/O 端口（10~17 引脚），即P3.0~P3.7 。

这4个I/O口具有不完全相同的功能，对于初学者来说很难理解，在此做详细的解答。

P0口有3个功能：

①当外部扩展存储器时，做数据总线。

②当外部扩展存储器时，做地址总线。

③当不扩展时，可做一般的I/O使用，但内部无上拉电阻，作为输入或输出时应在外部接上拉电阻。

P1口只做I/O口使用：其内部有上拉电阻。

P2口有两个功能：

①当扩展外部存储器时，做地址总线使用。

②做一般I/O口使用，其内部有上拉电阻。

P3口有两个功能：

除了作为I/O使用外（其内部有上拉电阻），还有一些特殊功能，由特殊寄存器来设置。

P3口的特殊功能（第二功能）：

口线	第二功能	信号名称
P3.0	RXD	串行数据接收
P3.1	TXD	串行数据发送

P3.2	INT0	外部中断0申请
P3.3	INT1	外部中断1申请
P3.4	T0	定时器/计数器0
P3.5	T1	定时器/计数器1
P3.6	WR	外部RAM写选通
P3.7	RD	外部RAM读选通

使P3端口各线处于第二功能的条件：

①串行I/O处于运行状态（RXD、TXD）。

②打开了外部中断（INT0、INT1）。

③定时器/计数器处于外部计数状态（T0、T1）。

④执行读写外部RAM的指令（RD、WR）。

有内部EPROM的单片机芯片（8751），为写入程序需提供专门的编程脉冲和编程电源，这些信号也是由信号引脚的形式提供的，即

编程脉冲：30脚（ALE/PROG）。

编程电压（25V）：31脚（EA/VPP）。

在介绍这4个I/O口时提到了上拉电阻，上拉电阻简称电阻。当作为输入时，上拉电阻将其电位拉高，若输入为低电平，则可提供电流源，所以P0口如果作为输入时，处在高阻抗状态，只有外接一个上拉电阻才能有效。

六、单片机最小化系统

（1）电源：单片机使用的是5V电源，其中正极接40引脚，负极（地）接20引脚。

（2）振荡电路：单片机是一种时序电路，必须提供脉冲信号才能正常工作，在单片机内部已集成了振荡器，使用晶体振荡器，接18、19脚。只要买来晶振、电容，连上就可以了，按图1-3所示接上即可。

（3）复位引脚：按图1-3中所示的画法连接。

（4）EA引脚：EA引脚接到正电源端。

至此，一个单片机最小化系统就接好了，通上电，单片机就开始工作了。

【练习题】

1.什么是单片机？单片机有什么用途？

2.用自己的语言阐述为什么要学习单片机。

3.简述单片机最小化系统的组成。

4.画出AT89C51单片机最小化应用系统电路原理图。

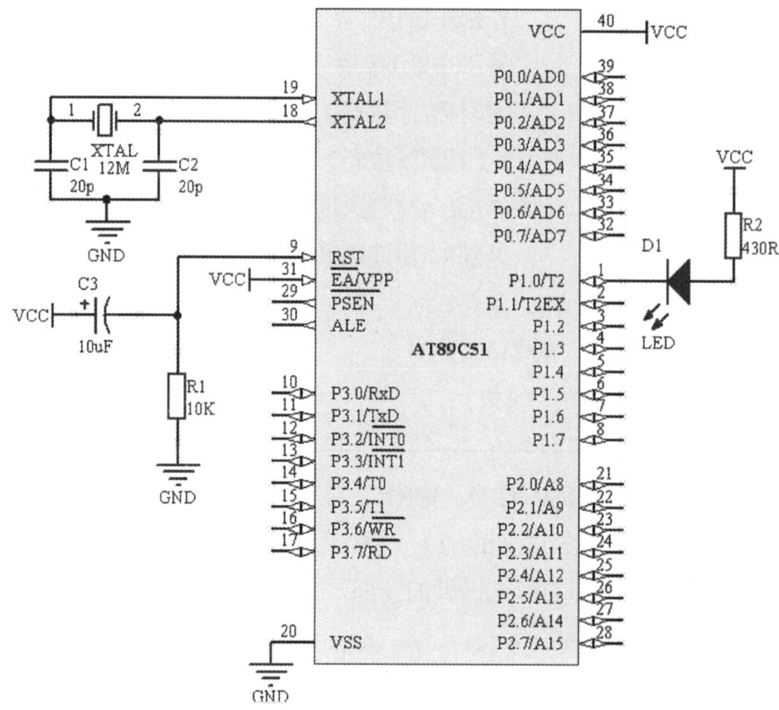

图1-3　单片机最小化系统

任务二　单片机的开发环境

【任务描述】

通过单片机的相关介绍，了解51单片机的构成及其引脚的功能。

【任务分析】

如何用Keil uV3建立一个新工程并添加C语言源程序。这一课我们就来编写一个C语言源程序并编译运行它，了解Keil工程的建立和保存。整个任务会给大家介绍C语言源程序的建立和保存，如何把C语言源程序添加到工程中，如何生成用于烧录单片机的HEX文件。介绍完成任务的思路、技能点和知识点。这一环节要注重老师的引导作用，引领学生对工作任务进行分析，并针对性地提出解决问题的方法和技巧，理清解决问题的思路。

最后还会教大家如何在Keil中输入源程序，如何用Keil编译、运行源程序，如何在Keil中查看程序运行过程中内存和变量的值。

【相关知识】

Keil工程的建立

在学习51单片机的过程中，应用最广泛的开发软件就是由Keil Software 公司出品的51系列兼容单片机C语言软件开发系统。我们使用的是 Keil uV3 软件，我们的教程也是以 Keil uV3 为主的。

【任务实施】

一、运用Keil uV3 建立一个工程

双击程序图标，打开程序，其界面如图1-4所示。图1-5~图1-15所示为工程的建立过程。

注意：点击Add后窗口并不关闭，需要点击Close才能将窗口关闭。这与其他软件有所不同。

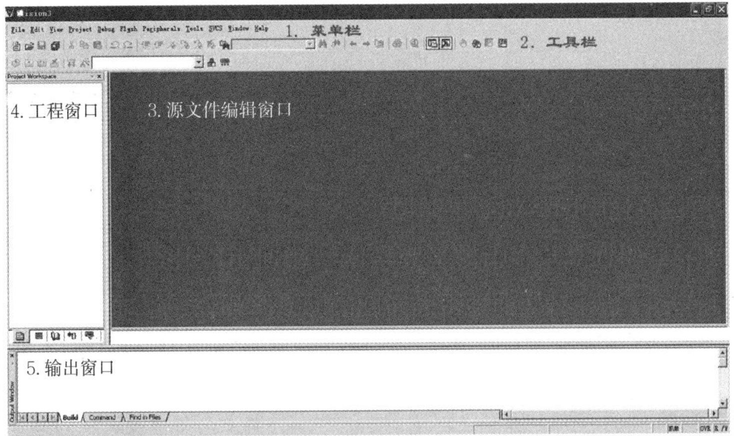

图1-4　Keil uV3界面

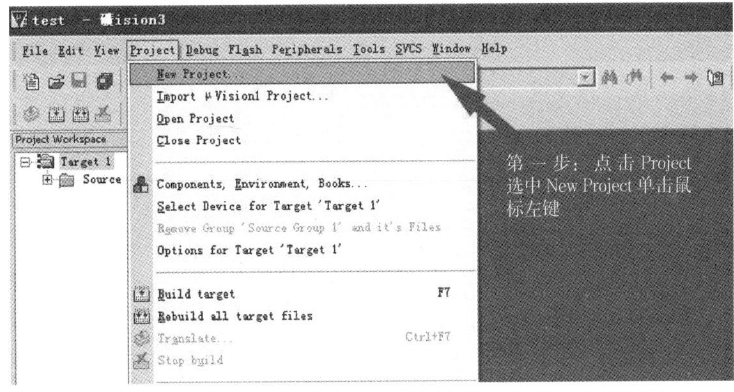

图1-5　建立工程

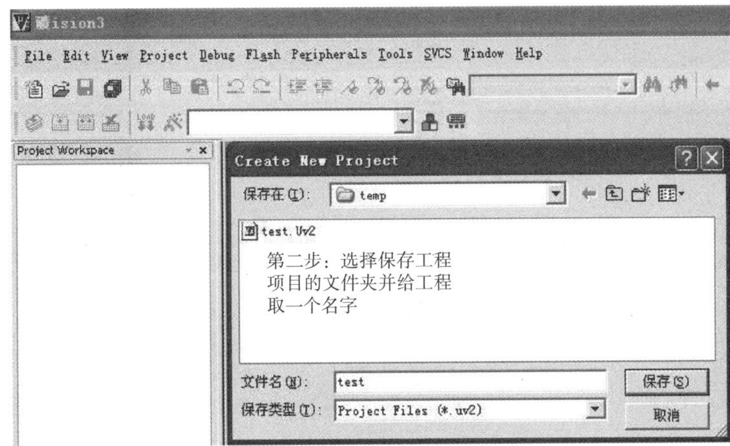

图1-6　保存工程

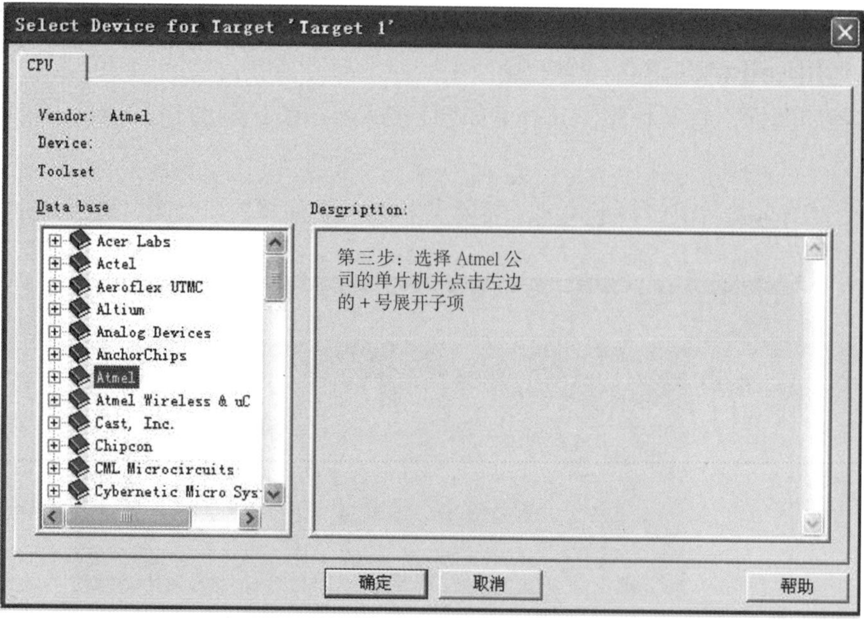

图1-7　选择单片机公司

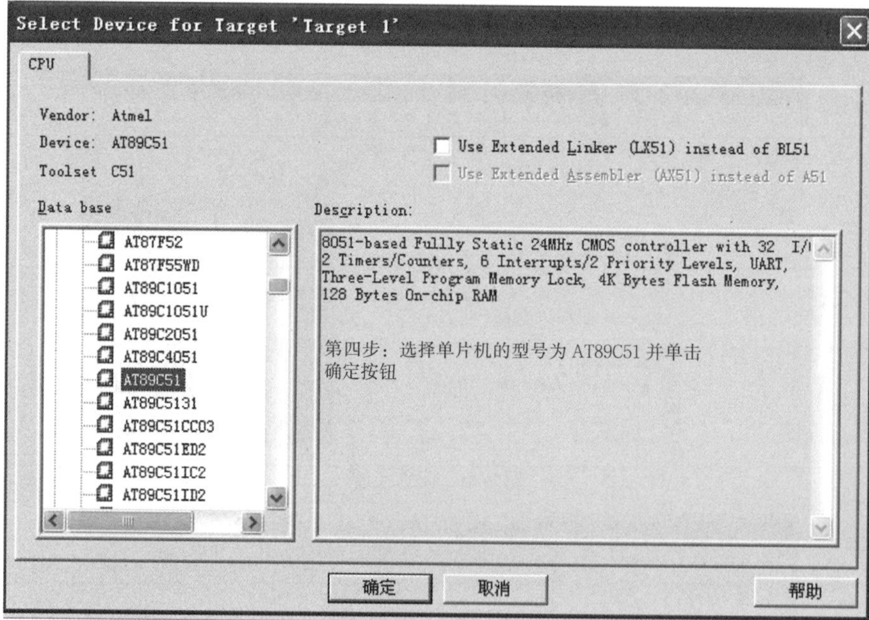

图1-8　选择单片机型号

图1-9　是否添加启动代码

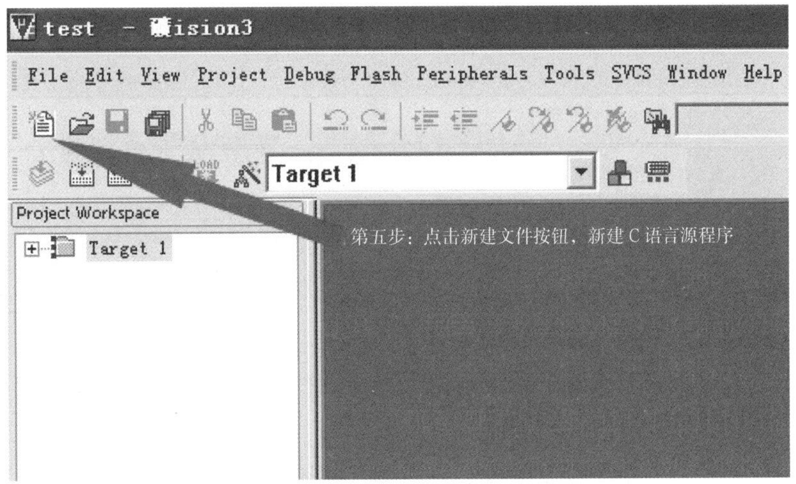

图1-10　新建C语言源程序

图1-11　保存源程序

Save As
保存在(I)：temp
第七步：在文件名栏中输入文件名，注意后缀名要为 .c 即
C 语言源程序。然后单击保存
文件名(N)：test.c　保存(S)
保存类型(T)：All Files (*.*)　取消

图1-12　为程序起名

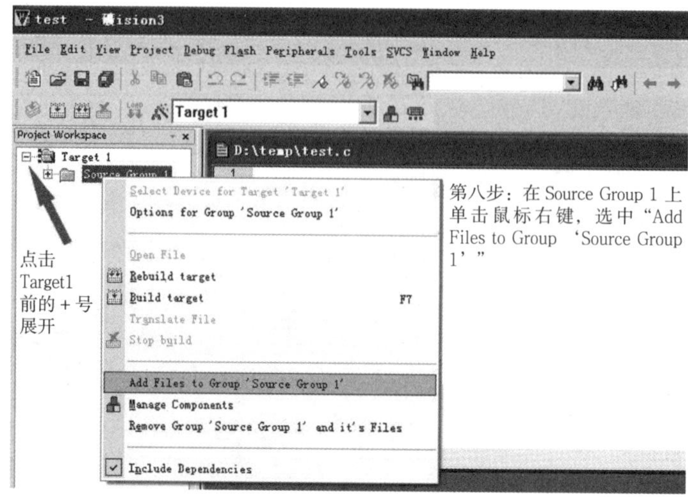

图1–13 为工程添加C语言源程序

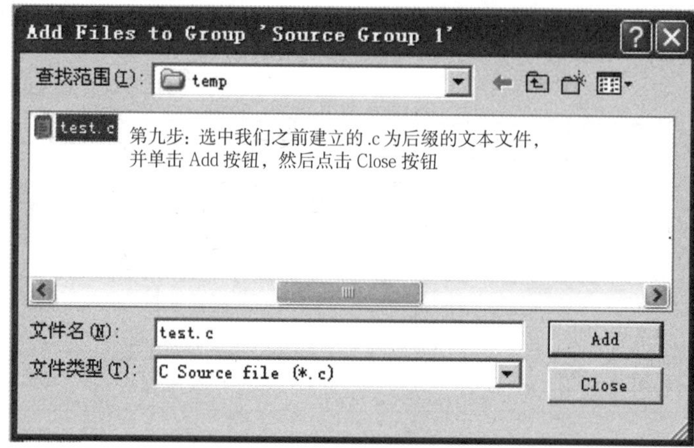

图1–14 加入C语言源程序

二、建立C语言源程序

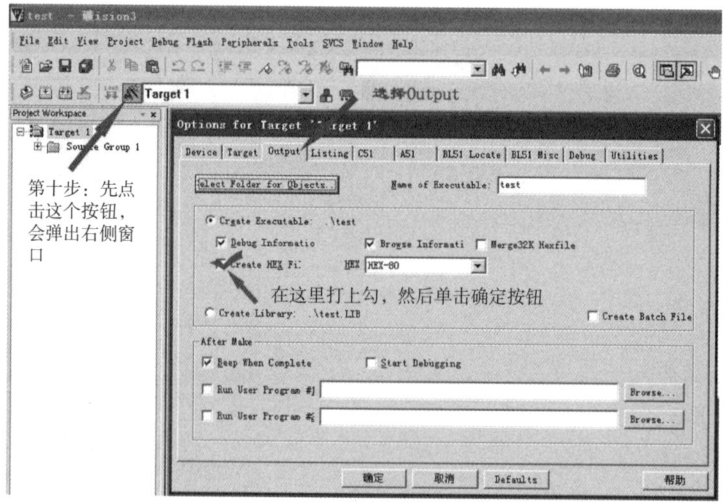

图1–15 选择创建HEX文件

建立C语言源程序的步骤如图1-16所示。

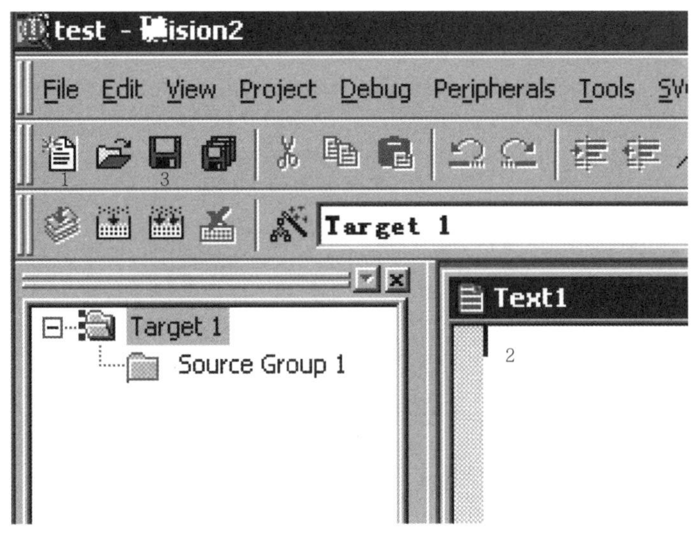

图1-16　建立C语言源程序

三、建立C语言源程序文件

点击图1-16中的新建文件按钮1会弹出文档窗口2。在2中输入下列程序：

```
#include <REGX51.H>
#include <stdio.h>
    void main（void）
    {
       SCON = 0X50;   //串口方式1，允许接收
       TMOD = 0X20;    //定时器1定时方式2
       TCON = 0X40;   //设定时器1开始计数
       TH1 = 0XE8;          //11.0592MHz 1200波特率
       TL1 = 0XE8;
       TI = 1;
       TR1 = 1;   //启动定时器
       while（1）//无限循环
           {
           printf （"Hello World!\n"）；   //显示Hello World!
       }
}
```

注意：C语言是对大小写敏感的语言，所以输入时要区分大小写。“//”后面是注释语句，可不用输入，对程序没有影响。

输入完毕后点击图1-16中的 3 保存文件。文件名由编程者自己起，最好能反映程序

的用途。这里我们填入test.c（测试的意思）。利用上一课我们学过的知识把新生成的C语言源文件添加到工程中。

四、编译程序

点击图1-17中箭头所指按钮编译程序。屏幕左下方是输出窗口，如图1-18所示。

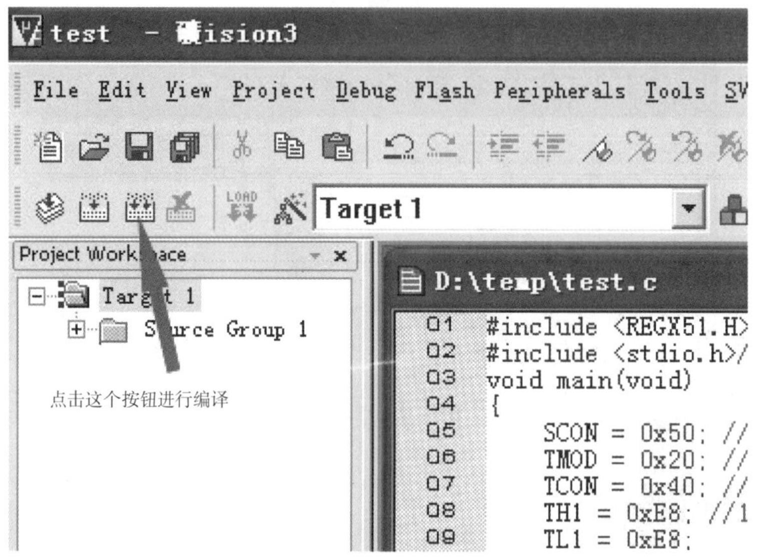

图1-17　重新编译按钮

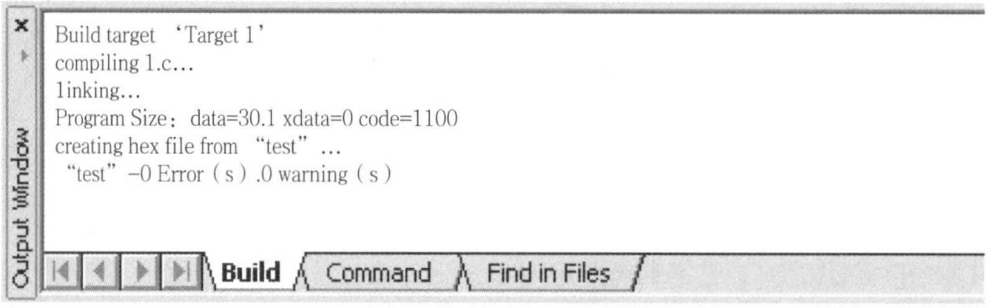

Build target ‘Target 1’
compiling 1.c…
linking…
Program Size：data=30.1 xdata=0 code=1100
creating hex file from “test”…
“test”–0 Error（s）.0 warning（s）

Output Window　Build　Command　Find in Files

图1-18　输出窗口

建立目标‘目标1’

正在编译　1.c…

正在连接…

程序大小：data=30.1 xdata=0 code=1100

正在生成test.hex文件…

“test文件”—0错误，0警告。

这是最好的一种状态，生成的HEX文件就是用来烧写单片机的。如果有错误就不会生成HEX文件，双击报告错误那一行就能跳到源程序窗口中，方便使用者进行修改，直到没有错误为止。如果有警告，一定要尽量消除，确实无法消除的，也要确认不会对程序造成影响，才能进行下一步的仿真调试。

1.调试程序

点击图1-19中的放大镜工具（开启/关闭调试模式按钮），进入调试模式，软件窗口样式大致如图1-20所示。

图1-19　调试模式按钮

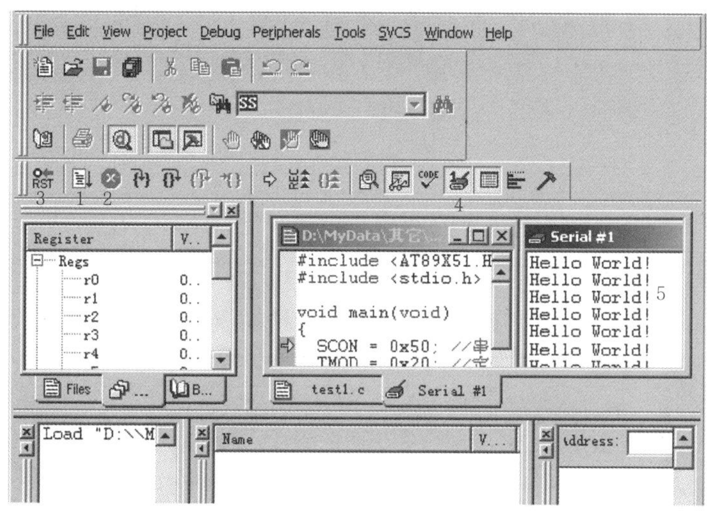

图1-20　调试窗口

图1-20中1为运行，当程序处于停止状态时才有效。2为停止，程序处于运行状态时才有效。3是复位，模拟芯片的复位，程序回到最开头处执行。按4可以打开5中的串行调试窗口，这个窗口可以看到从51芯片的串行口输入、输出的字符。我们会看到不断地打印“Hello World!”。

最后要先按停止按钮再按开启/关闭调试模式按钮，然后就可以进行关闭Keil等相关操作了。图1-21所示是常用工具图标。

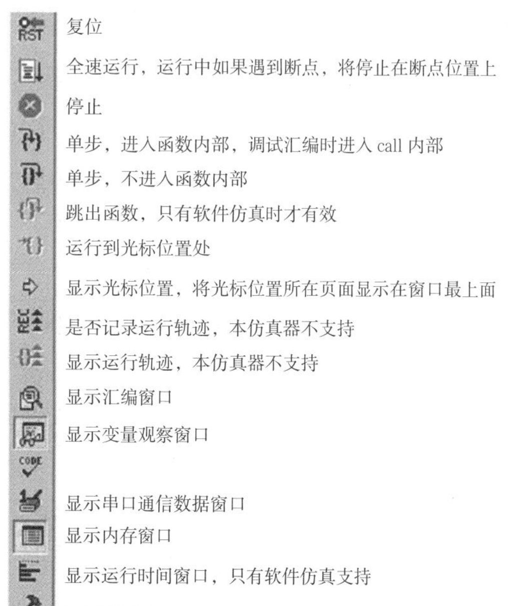

图1-21　常用工具图标

2.查看内存

图1-22所示是内存窗口。内存窗口一共有4个子窗口，分别是Memory#1、Memory#2、Memory#3和Memory#4。在地址栏中输入C：0则显示代码的存储空间，输入D：0则显示直接寻址的片内存储空间，输入I：0则显示间接寻址的片内存储空间，输入X：0则显示扩展的外部存储空间。其中C、D、I、X大小写均可。通过这个窗口可以查看程序的运行过程，是一个比较有用的窗口。

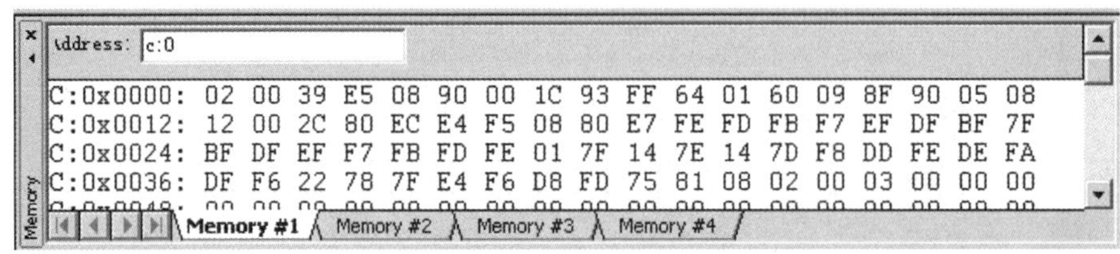

图1-22　内存窗口

3.查看变量

对程序变量的查看有助于对程序的理解。查看变量有两种方法。

（1）命令行方式。点击窗口左下方的Command按钮，弹出如图1-23所示窗口，在>右面输入欲查看的变量，就会在上方窗口中显示变量的值。

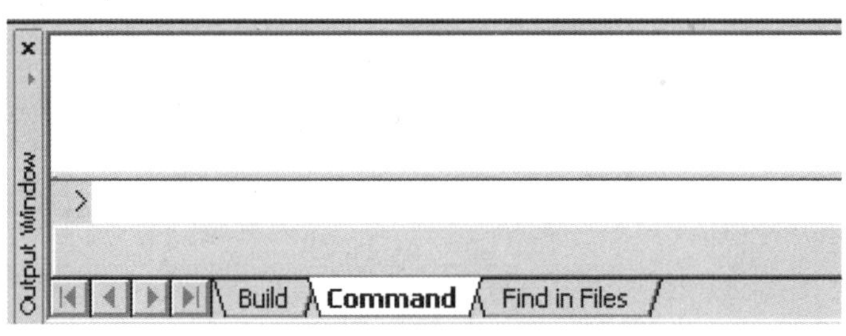

图1-23　命令窗口

（2）变量观察窗口。点击显示变量观察窗口（就是那个有眼镜的图标），弹出如图1-24所示窗口。这是一个很有用的窗口，通过它能查看到变量在程序执行过程中每一步的变化，以加深使用者对程序的理解。

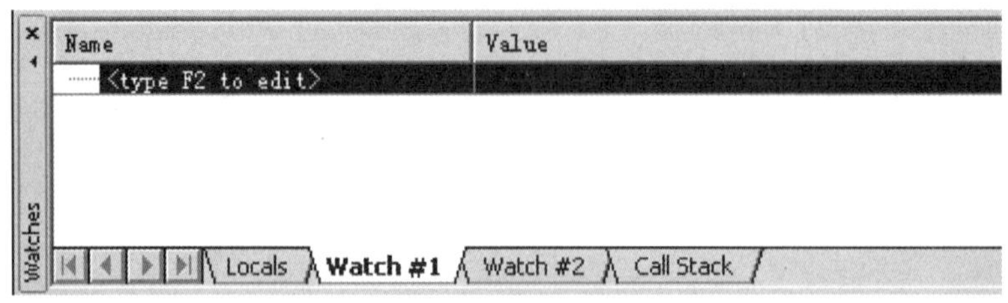

图1-24　观察窗口

先选中变量，单击鼠标右键，按照图1-25所示的方法加入变量，也可以加入整个语句（需先选中整个语句）。图1-26所示为加入变量a后执行到某一步的窗口。

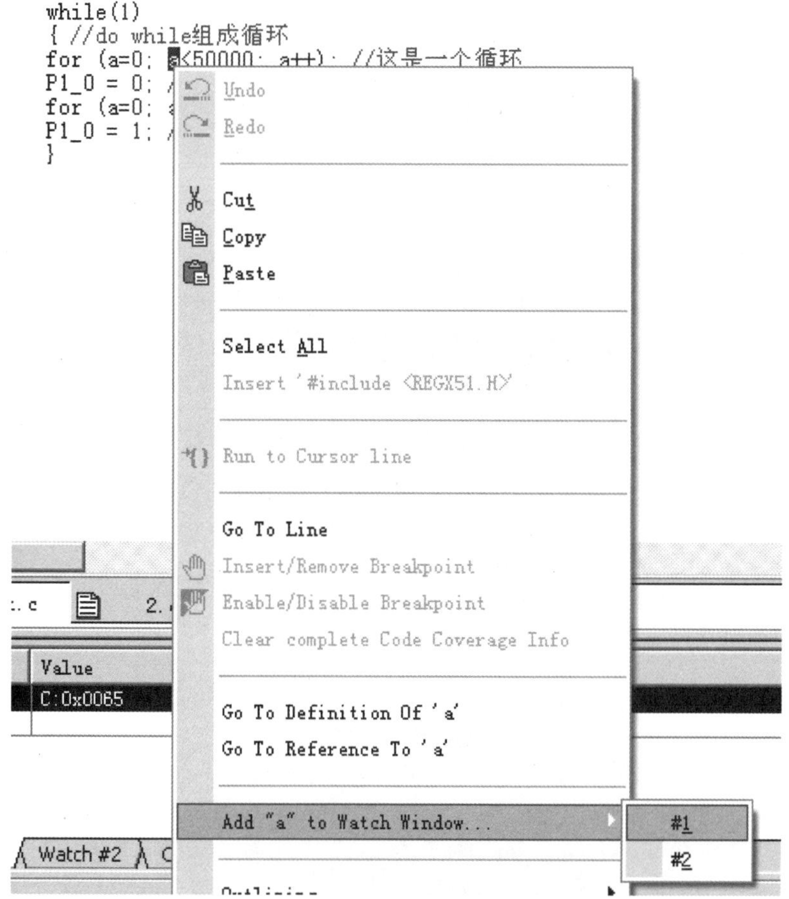

图1-25　加变量a到变量观察窗口

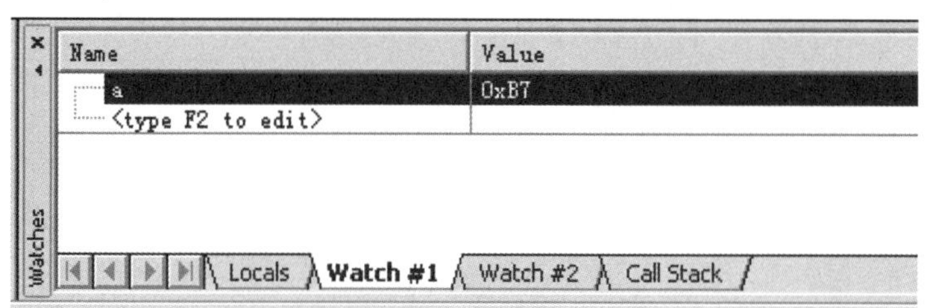

图1-26　观察窗口

【练习题】

1.把程序中printf（“Hello World!\n”）；的“Hello World!”换成“我喜欢单片机！”编译后运行程序，再把“\n”去掉，编译后运行程序，看看会有什么效果。

2.用记事本打开test.hex文件，查看文件的组织结构。

任务三　单片机的仿真软件

【任务描述】

学会如何在Proteus元件库中查找、加载元器件，并学会使用Proteus软件仿真单片机的方法。

【任务分析】

Proteus单片机仿真软件是面向用户的，可以对模块描述能力和模型实验功能的实现进行仿真。不同技术水平的用户可以通过仿真软件采用他们习惯的语言，方便地与计算机对话，完成建模或仿真实验。

【相关知识】

Proteus ISIS是英国Labcenter公司开发的电路分析与实物仿真软件。它运行于Windows操作系统上，可以仿真、分析各种模拟器件和集成电路，该软件的特点：实现了单片机仿真和SPICE电路仿真相结合，支持主流单片机系统的仿真，提供软件调试功能，具有强大的原理图绘制功能。

我们为什么要学习Proteus呢？用Keil生成HEX文件后，直接烧录到单片机中观看结果是可以的。但是每次都进行烧录不但麻烦，而且也不能保证运行结果是正确的。这时最好用Proteus仿真一下，待结果达到我们的要求时再进行烧录。学习使用Proteus还可以让没有单片机设备的朋友也能学习单片机，即使有单片机学习板，往往板上功能也不那么全面，这时用Proteus再好不过，仿真效果还相当逼真。

【任务实施】

一、Proteus的界面

图1-27所示为Proteus的界面。

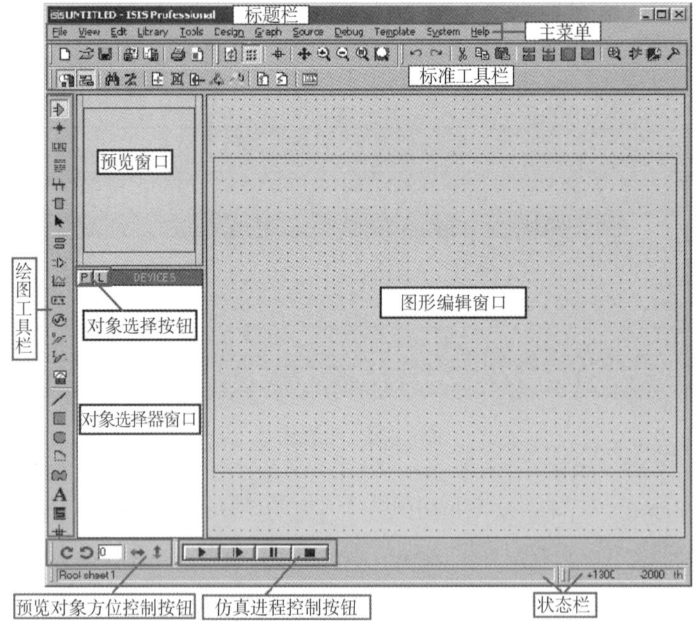

图1-27　Proteus的界面

二、查找、加载元件

按键盘上的字母P或用鼠标双击对象选择窗口的空白处，弹出元件查找窗口，如图1-28所示。

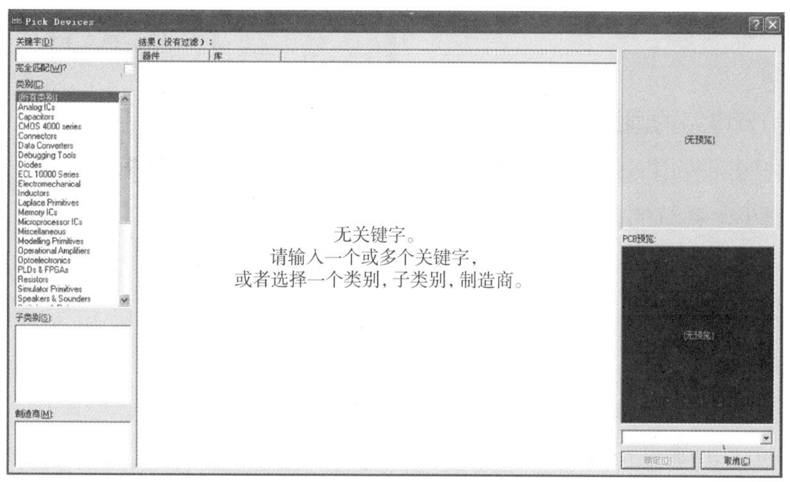

图1-28　元件查找窗口

常用元件的查找：可直接在关键字栏输入所要查找的元件名称或标称值。

（1）电阻：RES。电位器：POT-LIN。排阻：RESP。

（2）电容：CAP。

（3）按钮：BUTTON。

（4）开关：SWITCH。二选通一开关：SW-SPDT。

（5）喇叭：SPEAKERS。

（6）晶振：CRYSTAL。

（7）Optoelectronics：各种光电器件（包括发光管、数码管、液晶显示器）。

（8）MicroprocessorICs：微处理器，包括各种单片机。

本课我们需要查找的元件有单片机AT89C51、发光二极管LED-YELLOW、电阻430R（是R不是Ω）。找到想要的元件后只要用鼠标双击就会被加载到对象选择窗口。加载完元件后关闭查找窗口。

会用Protel 2004的同学用Proteus绘制原理图就会很轻松。如果是初次接触Proteus也会在短时间内掌握绘制原理图的方法。图1-29所示就是用Proteus绘制的单片机最小化系统原理图。

其中，正负电源、晶振、复位电路默认已经加上，可以直接使用。发光二极管上面的那个小三角表示电源（+5V），在图1-30中可以找到它们，

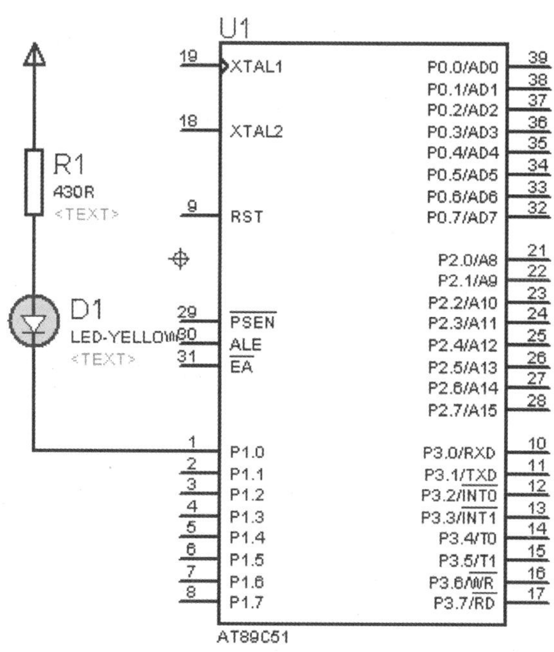

图1-29　用Proteus绘制的单片机最小化系统

选择POWER就是它。还有一个常用的GROUND（地）。

注意：仿真电路的画法与实际电路是有区别的，在实际应用时可参考任务一中关于单片机最小化系统的介绍。

下一课我们就用这个电路来仿真一个最简单的任务。

三、仿真的方法

（1）绘制完原理图后只要双击原理图中的单片机（也就是AT89C51）就会打开图1-31所示界面。

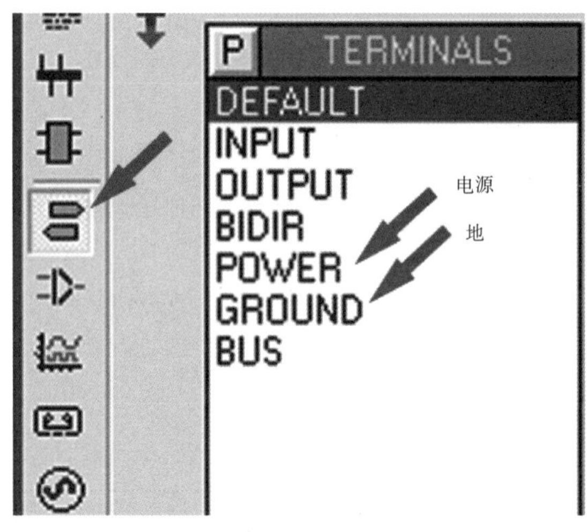

图1-30　选择电源和地

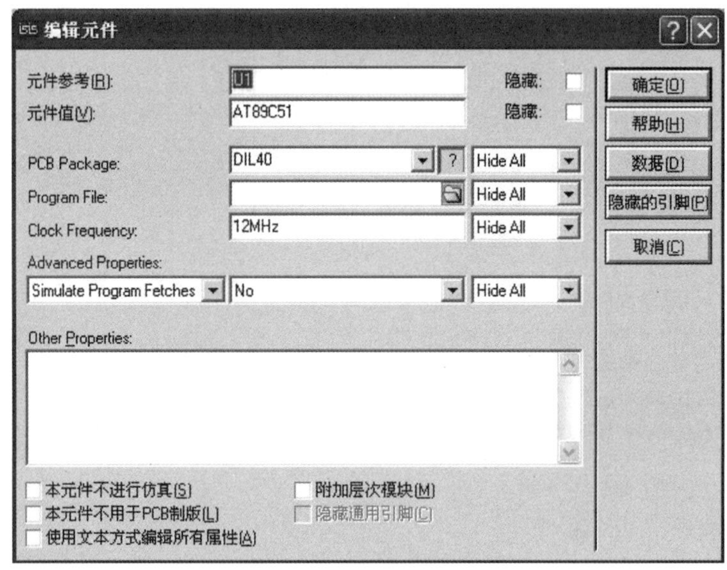

图1-31　加载HEX程序

（2）用鼠标点击Program File栏中的文件夹图标，找到用Keil生成的HEX文件导入即可（下一课再导入）。

（3）导入后，只要点击左下角的运行按钮即可仿真了。

【练习题】

1.熟悉用Keil uV3建立工程的过程，熟悉菜单栏和图标栏的使用。

2.掌握如何生成用于烧录单片机的HEX文件。

3.在Proteus中练习查找本课中提到的常用元件。

4.绘制一个带有石英晶体振荡器、微调电容和复位电路的单片机最小化系统。

项目二　单片机的初级模块编程

任务一　闪烁灯的编程

【任务描述】

通过闪烁灯的编程掌握对单片机I/O口的简单控制。需要注意C语言源程序的书写格式、文件包含的理解以及for循环语句的用法。

【任务分析】

本次任务是通过对单片机I/O口的控制，使发光二极管不断闪烁。

【相关知识】

一、文件包含

所谓“文件包含”是指一个文件将另一个文件的内容全部包含进来。程序中包含REGX51.H文件的目的是为了要使用P1这个符号，即通知C编译器，程序中所写的P1是指80C51单片机的P1端口而不是其他变量。就这一个包含文件，C编译器在处理的时候可能要处理几十行或几百行。

二、for循环语句

采用for语句构成循环结构的一般形式如下：

for（表达式1、表达式2、表达式3）　语句（内部可为空）；

for语句的执行过程：先以计算初值表达式1的值作为循环控制变量的初值，再检查循环条件表达式2的结果，当满足循环条件时就执行循环体语句并计算更新表达式3，然后再根据更新表达式3的计算结果来判断循环条件2是否满足……一直进行到循环条件表达式2的结果为假（0值）时，退出循环体。

【任务实施】

一、电路原理图

闪烁灯的电路原理图如图2-1所示。

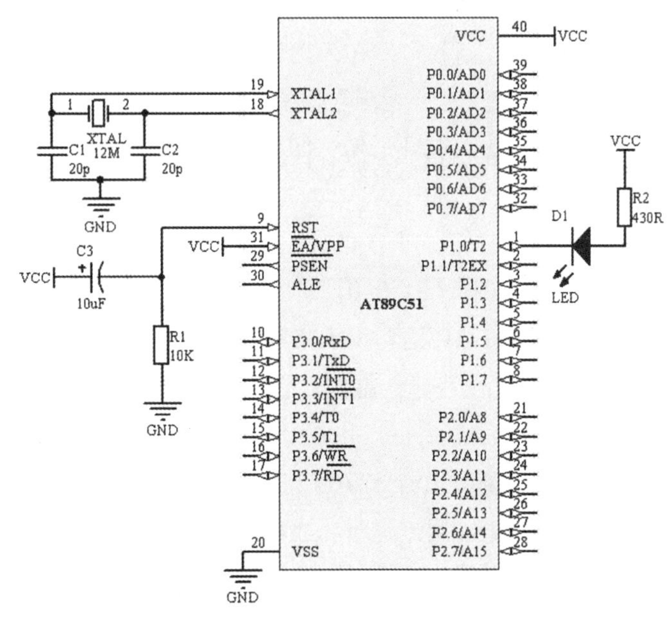

图2-1　闪烁灯电路原理图

二、源程序

打开Keil输入如下程序：

```
#include <REGX51.H>                              //1
/***********************************************2*/
void main（void）                                //3
{
unsigned int i;                                      //4
while（1）                                          //5
{
    P1_0=0;                                      //6
    for（i=0； i<32768； i++）；                    //7
    P1_0=1;                                        //8
    for（i=0； i<32768； i++）；                    //9
}
}
```

三、程序详解

序号1：包含文件REGX51.H。

序号2：程序分隔或注释。在“/*”及“*/”之间的内容，程序不会去处理，因此通常可进行文字注释，能增加程序的可读性，当然也可以作为语句模块之间的分隔。一个好的、有使用价值的源程序都应当加上必要的注释，以增加程序的可读性。

序号3：定义函数名为main的主函数。每一个C语言程序必须有一个名字为main的主函数，而且只能有一个，这个main函数无论放在哪里，程序运行时都是从它开始。函数后面一定有一对“｛｝”，在大括号里面书写其他语句。

序号4：定义一个无符号整型变量i。整型变量先不作介绍。

序号5：while循环语句。如果圆括号中为1就表示真，程序会一直循环下去，直到强行关闭为止。

序号6：如果没有开头的#include<REGX51.H>这里就会报错，在REGX51.H头文件中定义了P1_0为P1.0脚。P1_0=0就是P1.0脚输出低电平0（0V），发光二极管正向导通，灯亮。

序号7：for循环语句，用来延时。我们这么来理解这行语句：i从0开始，看看是不是小于32768，如果小于，就执行它后面的语句，｛；｝只有一个分号，称为空语句，就是什么也不做。然后执行i++，也就是加1，加1后i等于1，还是小于32768，就再执行它后面的语句，一直加到i不小于32768为止。就这样在原地磨蹭32768次。每执行一次都需要一定的时间，这样就能用来延时。大家可能会想这得需要多长时间才会结束啊，其实用不了多长时间的。由于单片机的时钟周期大约为1μs，因此只是一眨眼工夫。

序号8：让P1.0脚输出高电平1（+5V），发光二极管截止，灯熄灭。

序9：同序号7，还是延时那么长时间。

程序书写完，保存、加入工程后，点编译，就会生成用于仿真的HEX文件。然后启动Proteus打开我们上一课完成的原理图，导入刚生成的HEX文件。点击运行按钮就会看到发光二极管一亮一灭地不停闪烁了。至此，这个实验就做完了。

【练习题】

1.在单片机的P1.0和P1.1各接一个发光二极管，编程让它们两个轮流闪烁，不断循环，像猫眼一样。

2.在Proteus元件库中找到TRAFFIC LIGHTS元件，把它的3个管脚接到单片机的P1.0、P1.1和P1.2端口，编程让它的红、黄、绿3个灯依次循环点亮，模仿交通信号灯。

任务二　模拟开关灯的编程

【任务描述】

我们知道单片机有P0、P1、P2、P3 4组共32个输入、输出端口，既然是输入、输出端口，就是说既能输出也能输入。上一课我们让P1.0一会儿输出高电平，一会儿输出低电平，从而控制发光管的亮灭。这一课我们在P3.0接一个开关，上端通过4.7k电阻接电源，另一端接地。当开关断开时P3.0通过电阻接电源（高电平），也就是输入“1”；当开关闭合时接地（低电平），也就是输入“0”。我们编写程序，用开关控制发光二极管的亮灭。合上开关灯亮，断开开关灯灭。

【任务分析】

进一步学习I/O端口的控制方法、while循环语句的用法、if条件语句的用法。观察开关闭合前后单片机I/O端口电平的变化。

【相关知识】

一、while循环语句

while语句构成循环结构的一般形式如下：

While（条件表达式）{语句；}

其执行过程：当条件表达式的结果为真（非0值）时，程序就重复执行后面的语句，一直执行到条件表达式的结果变化为假（0值）时为止。

二、if条件语句

条件语句又称为分支语句。第一种形式：

if（条件表达式）{语句1；}

Else　{语句2；}

其含义为若条件表达式的结果为真（非0值），就执行语句1；若条件表达式结果为假（0值），就执行语句2。

【任务实施】

一、电路原理图

模拟开关灯电路原理图如图2-2所示。

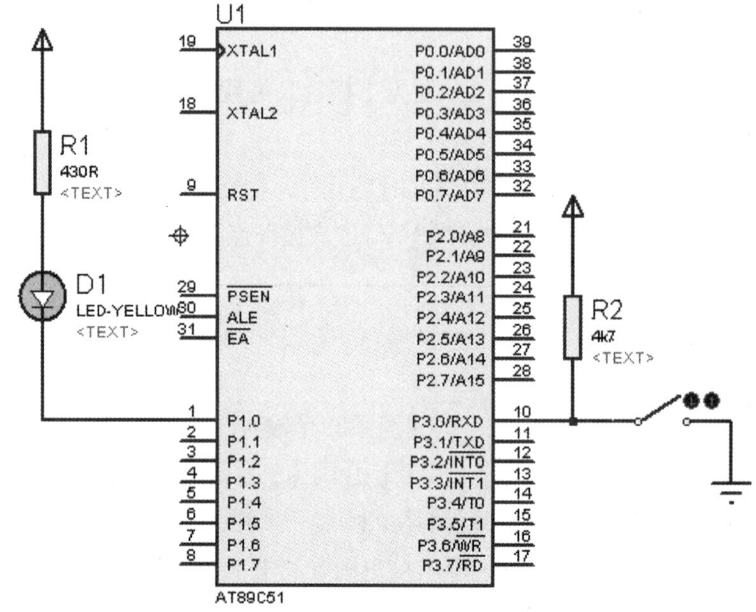

图2-2　模拟开关灯电路原理图

二、源程序

```
#include<REGX51.H>                          //1
/***************************************2*/
void main（void）                           //3
{
while（1）                                       //4
   {
   if（P3_0==0）                             //5
   {
       P1_0=0;                              //6
   }
       else
  {
       P1_0=1;                              //7
      }
   }
}
```

三、程序详解

序号1：包含文件REGX51.H。

序号2：程序分隔或注释。在“//”之后的内容，程序不会去处理，因此可以进行文字注释。但应注意，这种风格的注释，只对本行有效，所以在只需要对一行进行注释的时候，往往采用这种格式。而“/*……*/”风格的注释，既可以用于一行，也可以用于多行。

序号3：定义主函数main。

序号4：while循环语句。这里进行无限循环。

序号5：条件语句。“如果……就”的意思。在这里表示如果开关闭合（开关闭合后P3.0脚接地，也就是输入低电平“0”，所以P3_0==0）就执行后面的语句（紧跟在if后面 {} 中的语句）。后面的语句就是让灯亮。注意是“==”而不是“=”。在C语言中，“==”表示等于，而“=”则是给变量赋值，初学时容易搞混。

序号6：else是“否则”的意思。如果开关断开（开关断开，P3.0脚接高电平“1”，P3_0不等于“0”）就执行else后面的语句（大括号中的），就是让灯灭。

图2-3所示为开关闭合之前的状态，其中红点代表高电平，蓝点代表低电平。图2-4所示为开关闭合之后的状态，重点注意高低电平的变化。

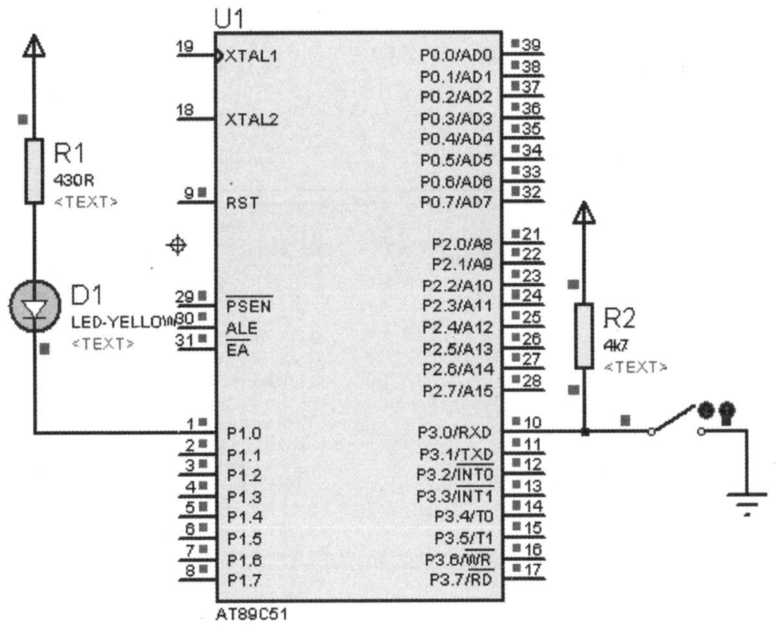

图2-3　开关闭合之前的状态

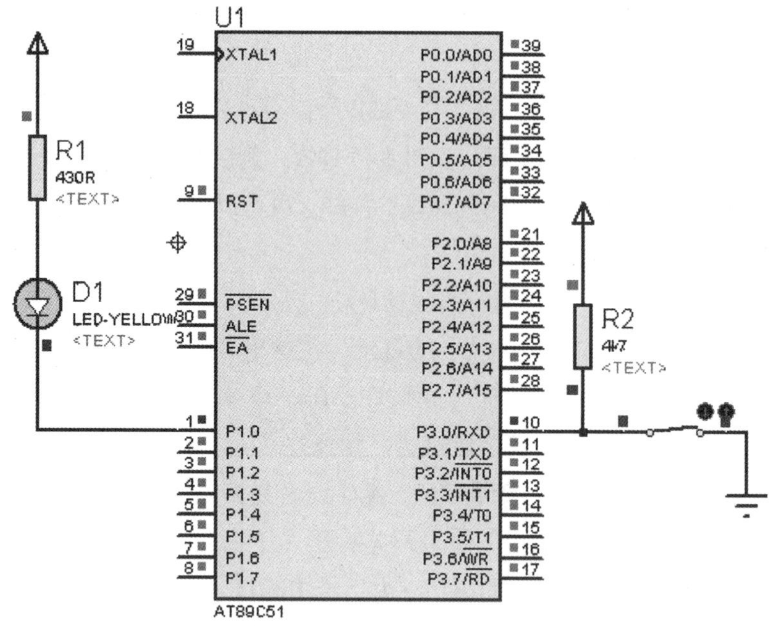

图2-4　开关闭合之后的状态

【练习题】

在单片机的P1.0脚接一个红发光管，在P1.1脚接一个绿发光管，在P3.0脚接一个开关。开关没闭合时，绿灯亮、红灯灭；开关闭合后，红灯亮、绿灯灭。如图2-5模拟开关灯电路原理图所示。

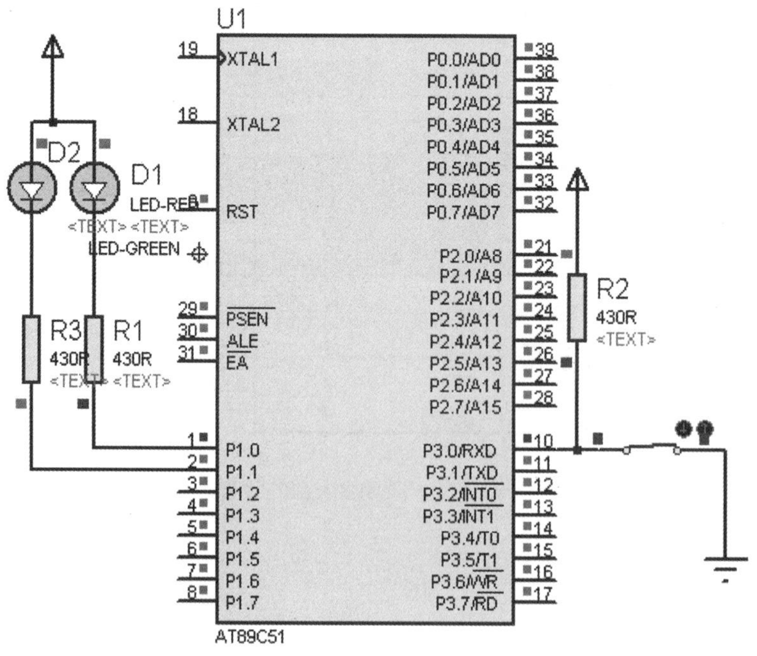

图2-5　模拟开关灯电路原理图

任务三　按键识别方法之一

【任务描述】

如何确保单片机对按键的正确识别。熟练掌握子函数的建立及调用，掌握位运算符的运算规则。

【任务分析】

按钮在按下时会发生抖动，电路可能接通数次，会造成单片机误动作（图2-6）。如何消除干扰？那就是在按钮按下时加入延时，等到它稳定接触后再进行判断。同理在松开按钮时也应加入延时进行判断。

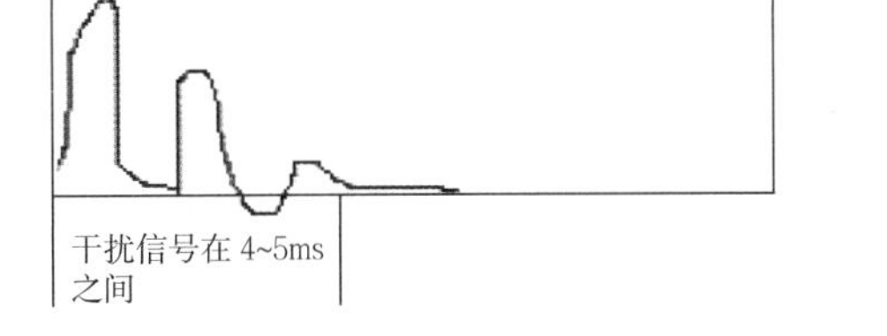

图2-6　按键抖动信号

【相关知识】

一、if条件语句的第二种形式

if条件语句的第二种形式：

if（条件表达式）{语句；}

其含义为若条件表达式的结果为真（非0值），就执行后面的语句；若条件表达式的结果为假（0值），就不执行后面的语句。

二、函数

C程序是由函数构成的。一个C源程序至少包括一个函数，也可能包含其他函数，但是只能有一个主函数。主程序通过直接书写语句或调用其他函数来实现有关功能。主函数可以调用其他函数，而其他函数不可以调用主函数。关于函数调用的问题后面再讲。其实REGX51.H就是一个函数，是C语言自带的函数，我们称它为标准库函数。而我们自己根据需要编写的函数就称为用户自定义函数。

三、函数的定义

函数定义的一般形式：

类型标识符　函数名　（形式参数表）

形式参数说明

{

局部变量定义

函数体

}

本书无形式参数，括号中用void来注明。调用子函数时圆括号不能省略。

四、位运算符

C语言中共有6种位运算符，按照优先级，从高到低依次为：

按位取反（~）→左移（<<）和右移（>>）→按位与（&）→按位异或（^）→按位或（|）

表2-1是位逻辑运算符的真值表，X表示变量1，Y表示变量2。

表2-1　按位取反、与、或和异或的逻辑真值表

X	Y	~X	~Y	X & Y	X|Y	X^Y
0	0	1	1	0	0	0
0	1	1	0	0	1	1
1	0	0	1	0	1	1
1	1	0	0	1	1	0

【任务实施】

一、电路原理图

电路原理图如图2-7所示。

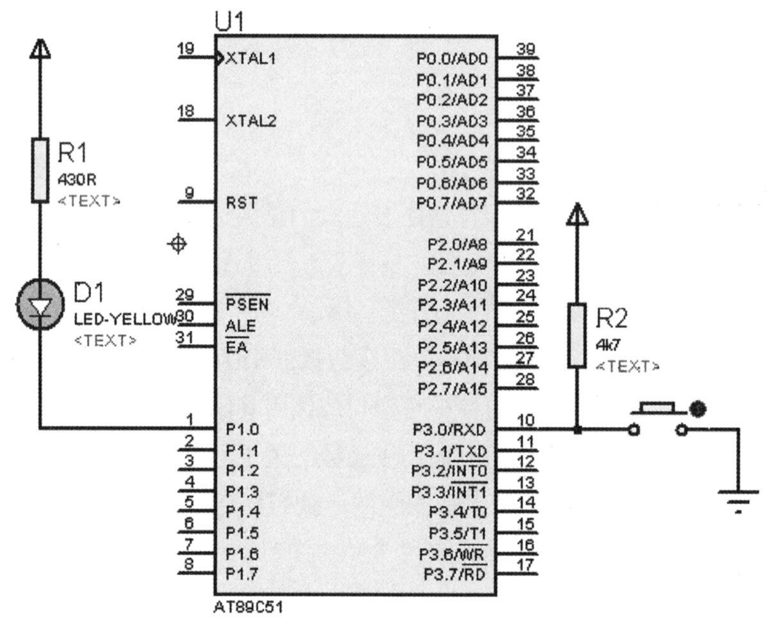

图2-7　电路原理图

二、源程序一

```
#include <REGX51.H>                    //1
void main（void）                       //2
{
 while（1）                              //3
   {
    if（P3_0==0）                       //4
    {
    P1_0=~P1_0;               //5
    }
```

```
}
 }
```

三、程序详解一

序号1：文件包含REGX51.H。

序号2：定义主函数main。

序号3：while循环语句。

序号4：条件语句。

序号5：如果按钮被按下，P1.0取反。“~”是取反的意思。原来是0取反后就变成1，原来是1取反后就变成0。每按一次按钮发光管的状态就变化一次，从而形成“亮”“灭”“亮”“灭”的现象。

编译后运行程序，会发现有时按钮就不灵了。下面是改进后的程序。

四、源程序二

```
#include <REGX51.H>                        //1
/*****************************/
void delay10ms（void）                     //2
{
  unsigned int i，j；                   //3
  for（i=0； i<10； i++）                    //4
  for（j=0； j<121； j++）；                //5
}
/************************************************/
void main（void）                        //6
{
  while（1）                                //7
   {
      if（P3_0==0）                     //8
         {
               delay10ms（）；                   //9
                if（P3_0==0）              //10
           {
           P1_0=~P˜1_0;                 //11
           }
          while（P3_0==0）；             //12
          delay10ms（）；                //13
      }
```

```
        }
    }
```

五、程序详解二

序号1：文件包含REGX51.H。

序号2：定义名字为delay10ms的子函数。主函数main可以调用它，但是它不能调用主函数。其中“delay10ms”是延迟10ms的意思。函数名可以根据个人喜好来起。子函数中（void）表示“空”的意思，就是什么数值也不返回，也有返回数值的，后面我们会遇到。

序号3：定义两个无符号整型变量。

序号4：for循环语句。i从0开始，检查i是否小于10，如果小于10，那么就执行一次后面大括号中的语句，然后再加1，继续判断，直到i不小于10为止。

序号5：for循环语句。两行语句一共执行了10×121次。经过这两行语句的延时，大约能延时10ms的时间。

序号6：定义主函数main。

序号7：while循环语句。

序号8：if条件语句。判断按钮是否按下。如果按下就执行大括号中的语句。

序号9：调用delay10ms子函数延时10ms，等待按钮稳定。

序号10：if条件语句。再一次判断按钮是否按下。

序号11：如果按钮按下，取反P1.0。

序号12：while循环语句。判断按钮是否松开。松开后P3.0接高电平“1”，P3_0==0为假，循环结束，继续向下执行。

序号17：调用子函数。延时10ms，以确定按键稳定松开。

编译后运行程序，会发现每次按下按钮发光管都能正常亮灭了。

【练习题】

1.在单片机P3.0接一开关SW_1，在P3.1接一开关SW_2，按一下SW_1灯亮，按一下SW_2灯灭。

2.在单片机的P1端口（P1.0~P1.7共8位）各接一个发光二极管，在P3.0脚接一个按

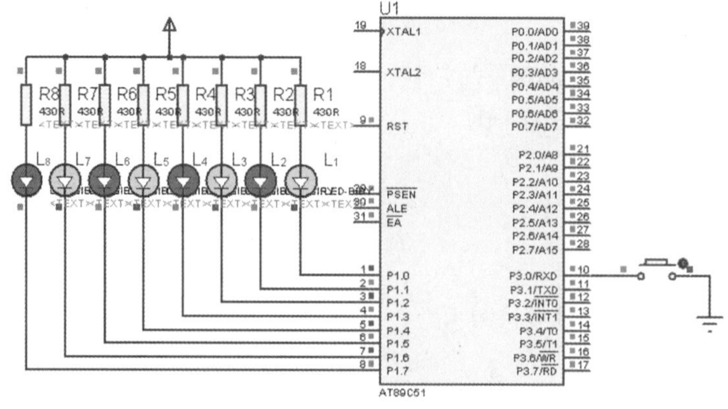

图2–8　效果图

钮。上电时发光二极管L_1、L_3、L_5、L_7亮，按一下按钮后发光二极管L_2、L_4、L_6、L_8亮，效果如图2-8所示。

任务四　多路开关状态指示的编程

【任务描述】

本课我们需要学习if判断语句的嵌套使用，按位或“|”运算符的使用及位左移和位右移运算符的用法。

【任务分析】

如图2-9所示，AT89C51单片机的P1.0~P1.3接4个发光二极管D_1~D_4，P1.4~P1.7接了4个开关K_1~K_4，编程将开关的状态反映到发光二极管上（开关闭合，对应的灯亮；开关断开，对应的灯灭）。如同一个房间有4盏灯，每盏灯都有自己的开关。

【相关知识】

一、if条件语句第3种形式

if条件语句第3种形式：

```
if（表达式1）｛语句1；｝
Else if（表达式2）｛语句2；｝
Else if（表达式3）｛语句3；｝
        ⋮
Else if（表达式n）｛语句n；｝
     Else  ｛语句m；｝
```

这种条件语句常用来实现多方向条件分支，其实，它是由if-else语句嵌套而成的，在此种结构中，else总是与最邻近的if相对应。

二、位左移<<、位右移>>运算符

先来讲讲C语言的位左移和位右移运算符：位左移<<和位右移>>用来将一个数的各二进制位的全部左移或右移若干位，移位后，空白位补0，而溢出的位舍弃。

例：若a=0xEA=11101010B

则表达式：a=a<<2，将a值左移两位，其结果为0xA8。即

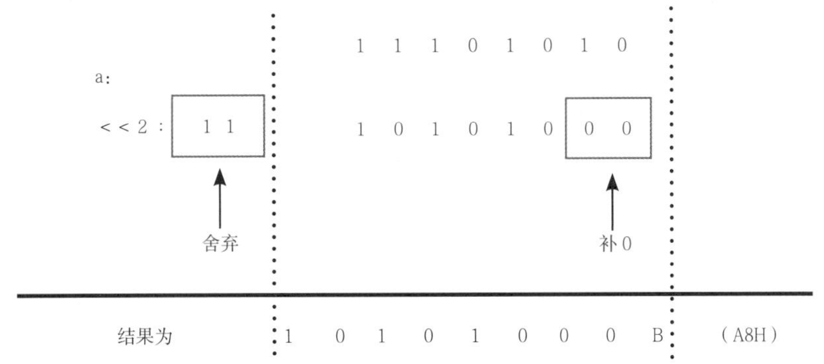

表达式：a=a>>2，将a右移两位，其结果为0x3A。即

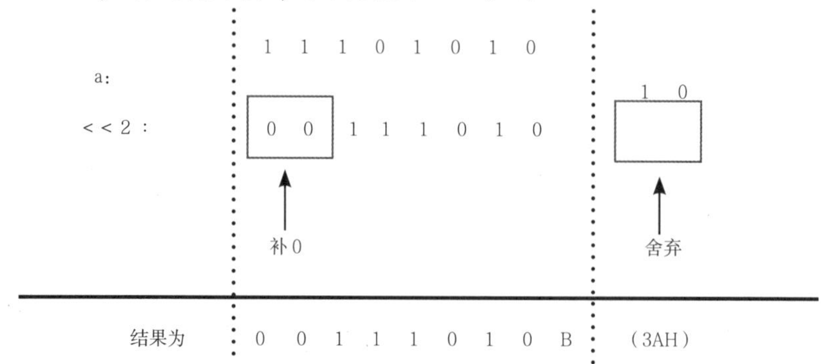

【任务实施】

一、电路原理图

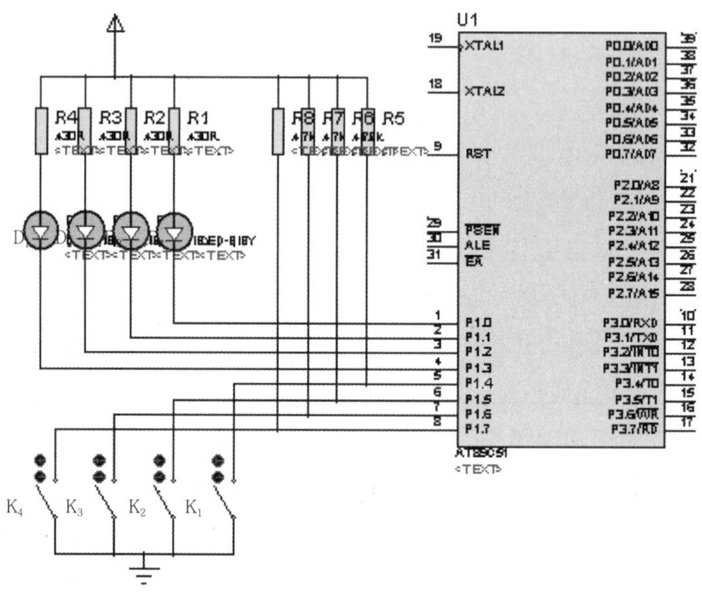

图2-9　多路开关状态指示电路原理图

二、源程序一

```
#include <REGX51.H>
void main（void）
{
    while（1）
      {
        if（P1_4==0） P1_0=0;
          else  P1_0=1;
        if（P1_5==0）  P1_1=0;
          else  P1_1=1;
```

```
            if（P1_6==0）   P1_2=0;
                 else   P1_2=1;
               if（P1_7==0）   P1_3=0;
                 else   P1_3=1;
          }
      }
```

三、程序详解一

（略）请同学们自己分析。

上面的语句简单易懂，就是有些烦琐，我们试着优化一下，使程序简洁些。这样读起来可能有点难于理解，但是学会读程序是我们的必修课。

四、源程序二（利用移位运算符）

```
#include <REGX51.H>                    //1
unsigned char temp;              //2
void main（void）                //3
{
  while（1）                     //4
    {
      temp=P1>>4;                //5
      temp=temp | 0xf0;             //6
      P1=temp;                     //7
    }
}
```

五、程序详解二

序号1：包含文件REGX51.H。

序号2：定义一个无符号字符型变量temp。

序号3：定义主函数main。

序号4：while循环语句。

序号5：P1右移4位送给变量temp。P1高4位接开关，低4位接发光二极管，单片机上电后P1 8个引脚默认全部输出高电平，用二进制表示就是11111111B。假设接在P1.5脚的开关被按下去了，这时P1就变成了11011111B，P1右移4位就变成了00001101B，送给temp，这时temp就等于00001101B。

序号6：temp与0xf0按位或，0xf0是十六进制，表示成二进制就是11110000B，temp与0xf0按位或后等于11111101B，再送给temp，这时temp就变成了11111101B。

序号7：把temp再送给P1，P1就变成11111101B。P1.1输出低电平，所以接在P1.1脚的发光二极管亮。同理每按下相应的开关都会有相应的二极管亮。

【技能训练】

在单片机的P1端口接8个发光二极管，在Proteus中找到RESPACK-8（排阻）连接电源和发光二极管。在P3端口接8个开关，每个开关对应控制1个发光二极管。

【练习题】

设a=0xFE=11111110B，先把a左移7次，然后再右移7次，写出每次移动后的十六进制和二进制结果。

任务五　流水灯的编程

【任务描述】

本课通过宏定义、循环左移和循环右移函数、intrins.h头文件、程序存储器和数据存储器、sizeof（）函数的使用实现两个流水灯编程。

【任务分析】

硬件电路如图2-9所示，8个发光二极管L_1~L_8分别接在单片机的P1.0~P1.7接口上，输出“0”时，发光二极管亮。工作时P1.0→P1.1→P1.2→P1.3→…→P1.7→P1.6→…→P1.0依次点亮，重复循环。

流水灯实例一

【相关知识】

一、宏定义

宏定义的一般形式为：

#define 标识符　字符串

它的作用是在编译预处理时，将源程序中所有标识符替换成字符串。例如：

#define uint unsigned int，书写程序时只要输入uint就相当于输入unsigned int。宏定义不仅提高了程序的可读性，便于调试，同时也方便了程序的移植。

二、流水灯

如果单片机某一引脚输出低电平，接在其引脚上的发光管就会被点亮，而其他引脚都输出高电平，因此接在其引脚上的发光管全部熄灭。8个发光管来回流动从而形成流水灯。各灯点亮与熄灭引脚电平见表2-2。

表2-2　各灯点亮与熄灭引脚电平情况

P1.7 L_8	P1.6 L_7	P1.5 L_6	P1.4 L_5	P1.3 L_4	P1.2 L_3	P1.1 L_2	P1.0 L_1	说明 发光管
1	1	1	1	1	1	1	0	L_1亮
1	1	1	1	1	1	0	1	L_2亮
1	1	1	1	1	0	1	1	L_3亮
1	1	1	1	0	1	1	1	L_4亮

续表

P1.7	P1.6	P1.5	P1.4	P1.3	P1.2	P1.1	P1.0	说明
L_8	L_7	L_6	L_5	L_4	L_3	L_2	L_1	发光管
1	1	1	0	1	1	1	1	L_5亮
1	1	0	1	1	1	1	1	L_6亮
1	0	1	1	1	1	1	1	L_7亮
0	1	1	1	1	1	1	1	L_8亮

三、循环左移_crol_（）函数和循环右移_cror_（）函数

前面我们学了C语言位左移和位右移运算符。移位后，空白位补0，而溢出的位舍弃。比如a=11111110B=0xfe，左移2位变成a=11111000B=0xf8。而循环移位函数则是把移走的位按顺序移到前面或后面。上面的a用循环左移函数左移2位表示为:

```
a = 0xfe;
b = _crol_（a, 2）;
```

这时b=11111011B=0xfb。循环右移函数标识符是_cror_（）。

四、intrins.h头文件

若要使用循环左移和循环右移函数，必须包含intrins.h头文件。

【任务实施】

一、电路原理图

流水灯电路原理图如图2-10所示。

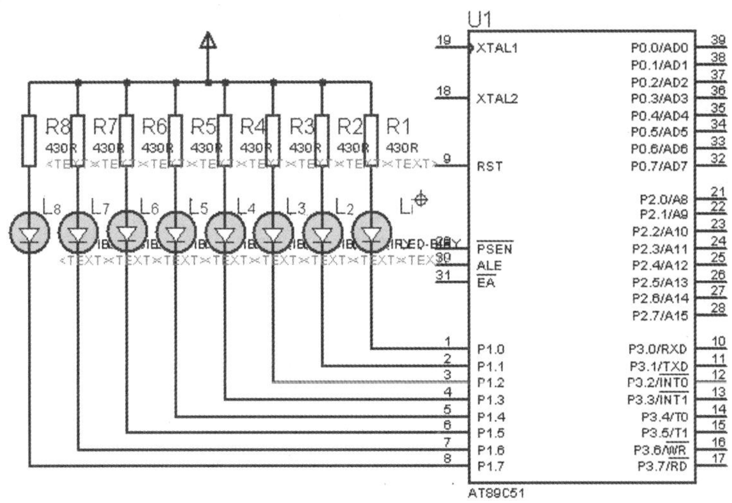

图2-10　流水灯电路原理图

二、源程序一（利用位左移、位右移运算符）

```
#include <REGX51.H>                    //1
#define uchar unsigned char            //2
#define uint unsigned int              //3
uchar i;                               //4
```

```
uchar temp；                                   //5
uchar a，b；                                          //6
//==================================
void delay（void）                                    //7
{
 uint i，j；                                          //8
 for（i=0；i<300；i++）                            //9
 for（j=0；j<121；j++）；                             //10
}
//==================================
void main（void）                                   //11
{
 while（1）                                           //12
   {
     temp=0xfe；                                      //13
     P1=temp；                                        //14
     delay（）；                                      //15
     for（i=1；i<8；i++）                             //16
       {
         a=temp<<i；                                  //17
         b=temp>>（8-i）；                            //18
         P1=a|b；                                     //19
         delay（）；                                  //20
       }
     for（i=1；i<8；i++）                             //21
       {
         a=temp>>i；                                  //22
         b=temp<<（8-i）；                            //23
         P1=a|b；                                     //24
        delay（）；                                   //25
     }
   }
}
```

三、程序详解一

序号1：包含文件REGX51.H。

序号2：宏定义。定义uchar等于unsigned char，由于unsigned char字符较多，书写费时，因此进行定义，以节省时间，提高编程效率。在本程序中只要用到unsigned char就可以用uchar代替。

序号3：同上。

序号4：定义一个无符号字符型变量i。

序号5：定义一个无符号字符型变量temp。

序号6：定义两个无符号字符型变量a、b。这3行定义了4个无符号字符型变量，在这里定义的变量在整个程序中都能使用，所以叫全局变量。

序号7：定义延时子函数delay（）。

序号8：定义两个无符号整型变量，只在子函数内部使用，所以叫局部变量。

序号9：for循环语句。两个for语句嵌套。

序号10：for循环语句。两行语句共执行了300×121次，大约延时0.3s。

序号11：定义主函数main。

序号12：while循环语句。到序号36结束。

序号13：把0xfe送给temp。二进制就是11111110B。

序号14：把temp送给P1，这时接在P1.0脚的灯亮。

序号15：调用子函数。延时0.3s。

序号16：for循环语句。共循环7次。

序号17：temp左移1位送给变量a。这时a=11111100B。

序号18：temp右移7位送给变量b。这时b=00000001B。

序号19：a按位或b送给P1。这时P1=11111101，接在P1.1脚的灯亮。

序号20：调用子函数。延时0.3s。

序号21：for循环语句。共循环7次。

序号22：temp右移1位送给变量a。这时a=01111111B。

序号23：temp左移7位送给变量b。这时b=00000000B。

序号24：a按位或b送给P1。这时P1=01111111B。接在P1.7脚的灯亮。

序号25：调用子函数。延时0.3s。

四、源程序二（利用循环左移、循环右移函数）

```
#include<REGX51.H>                          //1
#include<intrins.h>                         //2
#define uchar unsigned char                 //3
#define uint unsigned int                   //4
/****************************************/
void delay（）                              //5
{
```

```
uchar i, j;                                   //6
    for (i=0; i<300; i++)                     //7
    for (j=0; j<121; j++)                     //8
}
/****************************************/
void main ()                                  //9
{
 uchar temp;                                  //10
 uchar i;                                     //11
 temp=0xfe;                                   //12
 P1=temp;                                     //13
 while (1)                                    //14
 {
  for (i=1; i<8; i++)                         //15
  {
   temp=_crol_ (temp, 1) ;                    //16
            P1=temp;                          //17
            delay () ;                        //18
}
   for (i=1; i<8; i++)                        //19
   {
  temp=_cror_ (temp, 1) ;                     //20
         P1=temp;                             //21
         delay () ; }                         //22
   }
}
```

五、程序详解二

序号1：文件包含REGX51.H。

序号2：包含intrins.h头文件，含有对循环左移和循环右移函数的说明。

序号3：宏定义无符号字符型变量uchar。

序号4：宏定义无符号整型变量uint。

序号5~8：定义延时子函数delay。

序号9：定义主函数main。

序号10：定义无符号字符型变量temp。

序号11：定义无符号字符型变量i。

序号12：把0xfe送给temp。

序号13：把temp送给P1。

序号14：while循环语句。

序号15：for循环语句。共循环7次，使发光二极管从L_1亮到L_8。

序号16：temp左移1位送给temp。第1次temp=11111101B=0xfd。

序号17：把temp送给P1。这时接在P1.1脚的灯L_2亮。

序号18：延时0.3s。

序号19：for循环语句。共循环7次，使发光二极管从L_8亮到L_1。

序号20：temp右移1位送给temp。第1次temp=01111111B=0x7f。

序号21：把temp送给P1.这时接在P1.7脚的灯L_8亮。

序号22：延时0.3s。

六、在Keil中调试本程序

（1）程序输入完毕，进行编译，进入调试模式（点击放大镜按钮）。

（2）首先打开变量观察窗口，输入变量P1（就是选中P1按右键然后加入变量观察窗口）和变量i，如图2-11所示。

（3）然后打开I/O端口1，打开后的端口1如图2-12所示。"√"表示输出高电平，空白表示输出低电平，输出低电平时发光管就会被点亮。

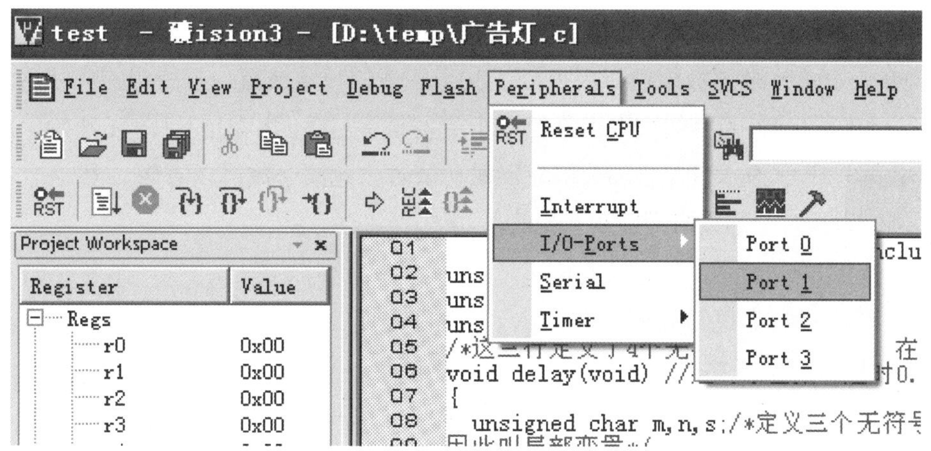

图2-11　打开I/O端口

（4）按F10进行单步运行，我们可以通过变量观察窗口查看程序运行每一步变量P1和i的值，同时再从端口1观察输出电平的高低，也就是发光管的亮灭。从中理解程序的执行过程。图2-13所示是程序执行到某一步时变量P1和i的值。

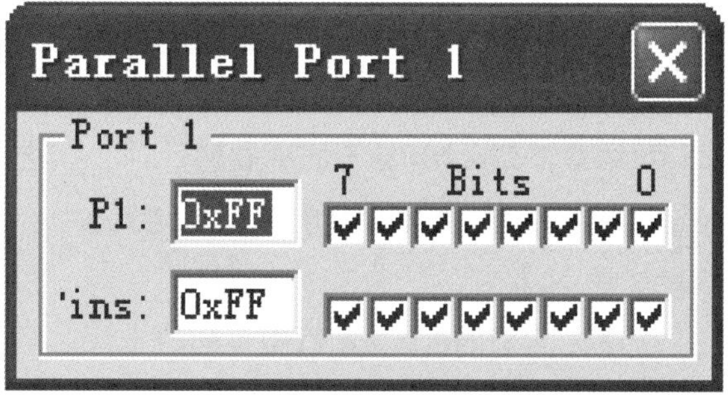

图2-12　I/O端口1

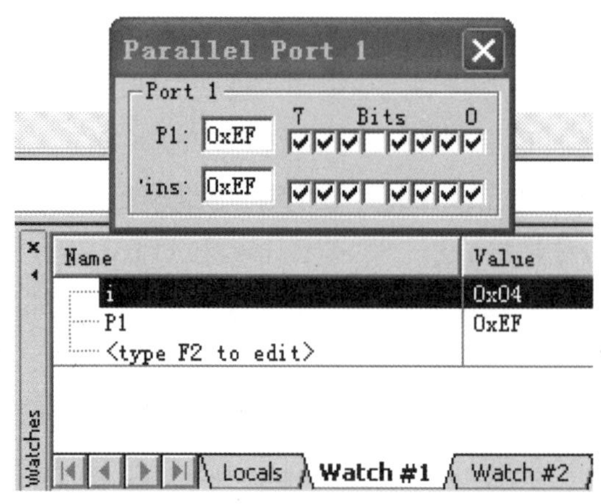

图2-13　变量P1和i的值

（5）变量观察窗口和I/O端口1。

流水灯实例二

【相关知识】

一、数组

如果要计算一个班级内30个学生的数学成绩，按照我们以前的做法，那就要先定义30个变量，这会非常麻烦。如果使用数组，就会变得很简单。数组是一组有序数据的集合。数组中的每一个数据都属于同一个数据类型。比如，一个班级有30个学生，我们就可以定义一个数组来表示30个学生的全部数学成绩，这将会大大简化操作。定义数组char math[30]={……}，则该数组可以用来描述30个学生的数学成绩。把所有的成绩用大括号括起来，取数据时按顺序依次取用。第一个数据是序号0，也就是从序号0开始，那么最后一个数据是序号29。当对全部数组元素赋初值时，元素个数可以省略，但［］不能省略。本例中就是对全部数组元素赋了初值。

二、存储器

单片机中有两个存储数据的地方，一个叫数据存储器（RAM），一个叫程序存储器（ROM）。数据存储器才128B（也有256B的），而程序存储器却有4KB（8052有8K）。如果使用者不指定数据存放在哪，默认是存放在数据存储器中，为了节约资源常把一些表格、常量等程序运行时不发生变化的数据放在程序存储器中。我们在定义时加入code就是为了把这些数据放在程序存储器中。

三、自增和自减运算符

自增和自减运算符是C语言中特有的一种运算符，它们的作用分别是对运算对象做加1和减1运算，如，i++是先使用后加1，而－i是先减1后使用。增量运算符++和减量运算符－只能用于变量，不能用于常数或表达式。

【实验任务】

使接在P1口的8个发光管做花样流水灯。

【任务实施】

一、电路原理图

流水灯电路原理图如图2-14所示。

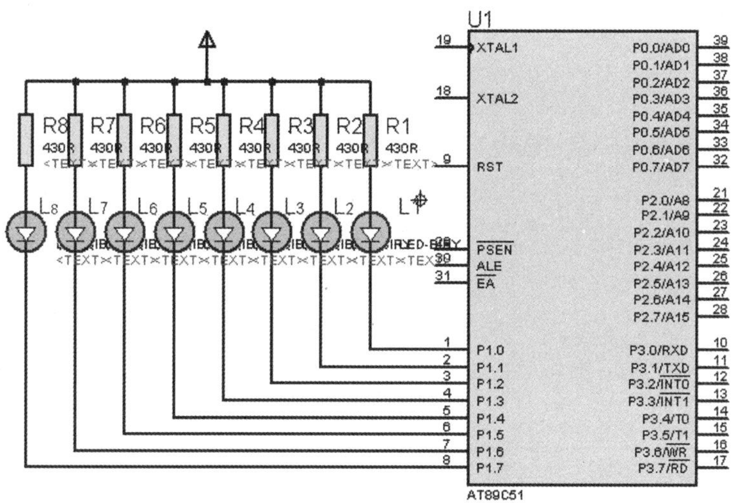

图2-14　流水灯电路原理图

二、源程序（利用取表方式）

```
#include <REGX51.H>                                   //1
#define uchar unsigned char                           //2
#define uint unsigned int                             //3
uchar code table[]=      {0xfe, 0xfd, 0xfb, 0xf7,           /4
                          0xef, 0xdf, 0xbf, 0x7f,           //5
                          0xfe, 0xfd, 0xfb, 0xf7,           //6
                          0xef, 0xdf, 0xbf, 0x7f,           //7
                          0x7f, 0xbf, 0xdf, 0xef,     //8
                          0xf7, 0xfb, 0xfd, 0xfe,           //9
                          0x7f, 0xbf, 0xdf, 0xef,           //10
                          0xf7, 0xfb, 0xfd, 0xfe,           //11
                          0x00, 0xff, 0x00, 0xff, };        //12
uchar i;                                            //13

void delay (void)                                     //14
{
 uint i, j;                                         //15
 for (i=0; i<300; i++)                              //16
```

```
  for（j=0； j<121； j++）；                               //17
}
void main（void）                                        //18
{
  while（1）                                              //19
    {
      for（i=0； i<sizeof（table）-1； i++）              //20
        {
          P0=table[i];                                    //21
          delay（）；                                      //22
        }
    }
}
```

三、程序详解：

序号1：包含文件REGX51.H。

序号2~3：宏定义。

序号4~12：在code区定义一个无符号字符型数组table[]。数组中的元素，只要不输入分号即使敲回车，C语言也把它当成是一行语句。

序号13：定义一个无符号字符型变量i。

序号14~17：定义延时子函数delay。延时0.3s。

序号18：定义主函数。

序号19：while循环语句。

序号20：if条件语句，sizeof（table）能判断出table[ ]中数组元素的个数，sizeof（）是C语言自带函数。

序号21：取得的数据送P1，i从0开始，所以第一次取的数据是0xfe。

序号22：调用子函数延时0.3s，以便于观察。

【练习题】

1.利用循环左移和循环右移函数把本课例子改为两个灯同时从右向左再从左向右循环流动。

2.利用循环左移和循环右移函数使本课中一个灯向左流动3次，然后再向右流动3次，最后停住。

3.上机操作

（1）利用取表方式把本课中的流水灯设计成自己想要的循环方式。

（2）在Proteus中找到LED-BARGRAPH-GRN，用2个LED-BARGRAPH-GRN组成流水灯。编程使它从右至左，再从左至右循环点亮。

任务六　一键多功能识别技术编程

【任务描述】

通过对整型变量和字符型变量的学习，掌握switch开关语句的用法，实现一个开关控制多个发光二极管闪烁。

【任务分析】

如图2-15所示，开关SP_1接在P3.7管脚上，在AT89C51单片机的P1端口接有4个发光二极管，上电的时候，接在P1.0管脚上的发光二极管L_1在闪烁，当每一次按下开关SP1的时候，接在P1.1管脚上的发光二极管L_2在闪烁，在按下开关SP_1的时候，接在P1.2管脚上的发光二极管L_3在闪烁，在按下开关SP_1的时候，接在P1.3管脚上的发光二极管L_4在闪烁，在按下开关SP_1的时候，又轮到L_1在闪烁了，如此轮流下去。

【相关知识】

一、整型变量

变量是一种在程序执行过程中其值可以变化的量，分为无符号和有符号两种。默认为有符号。无符号就是只能为正数，不能为负数，用unsigned表示。整型变量在内存中占2个字节，一个字节是8位，2个字节就是16位，无符号整型数最小为0，最大为65535。如果使用者不小心输入了65536，程序就会报错。

二、字符型变量

字符型变量char在内存中占一个字节，因此无符号字符型值是0~255。如果使用者输入大于255的数，程序就会出错。如果要输入大于255的数，就得用整型变量。由于单片机的内部存储器比较小，使用者应该尽量使用字符型变量char。

三、开关语句

开关语句是用关键字switch构成的，它的一般形式如下：

```
switch（表达式）
 {
Case 常量表达式1：  {语句1；} break;
Case 常量表达式2：  {语句2；} break;
              ⋮
Case 常量表达式n：  {语句n；  } break;
Default:          {语句d；  } break;
}
```

开关语句的执行过程：当switch后面的表达式与某一“case”后面的常量表达式的值相等时，就执行“case”后面的语句，然后遇到break语句退出switch语句。若所有“case”中常量表达式的值都没有与表达式的值相匹配，就执行default后面的d语句。

【任务实施】

一、电路原理图

一键多功能识别电路原理图如图2-15所示。

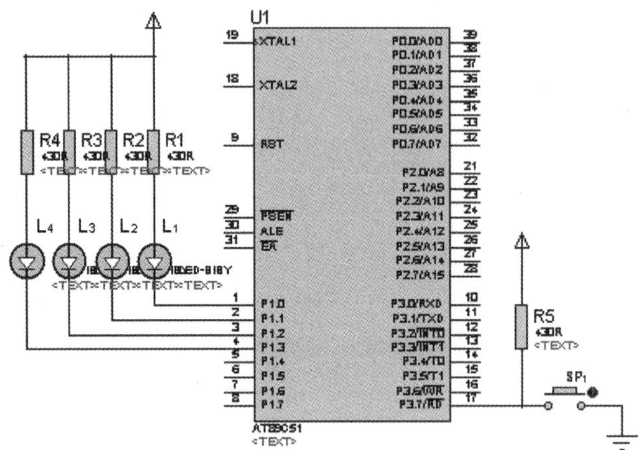

图2-15　一键多功能识别电路原理图

二、源程序

```
#include <REGX51.H>                                        //1
#define uchar unsigned char                                  //2
#define uint unsigned int                                    //3
uchar ID;                                                    //4
/************************************************************/
void delay (uint k)                                          //5
{

 uint i, j;                                                 //6
 for (i=0; i<k; i++)                                         //7
 for (j=0; j<121; j++) ;                                     //8
}                                                           //
/************************************************************/
void main (void)                                             //9
{
while (1)                                                   //10
{
   if (P3_7==0)                                             //11
        {
      delay (10) ;                                            //12
```

```
            if（P3_7==0）                                        //13
            {
              ID++;                                              //14
              if（ID==4） ID=0;                                  //15
              while（P3_7==0）;                                  //16
            }
    }
    switch（ID）                                             //17
     {
     case 0：P1_0=~P1_0; delay（200）; break;                   //18
        case 1：P1_1=~P1_1; delay（200）; break;                //19
        case 2：P1_2=~P1_2; delay（200）; break;                //20
        case 3：P1_3=~P1_3; delay（200）; break;                //21
     }
}
```

三、程序详解

序号1：包含文件REGX51.H.

序号2：宏定义，定义uchar等于unsigned char。

序号3：宏定义，定义uint等于unsigned int。

序号4：定义无符号字符型变量ID。

序号5：定义带有形式参数uint k（无符号整型变量）的延时子函数delay。使用时用一个实际的参数代替uint k。用于延时，具体延时多少在实际使用时确定。

序号6：定义两个无符号整形变量i、j。

序号7：for循环语句。i从0开始循环加1，至于加到多少，由k决定，k在实际使用时确定。

序号8：for循环语句。语句后面的｛;｝是空语句，什么也不做，只是用来延时。大约延时1ms。

序号9：定义主函数main。

序号10：while循环语句进行无限循环。

序号11：if条件语句，判断按键是否按下。

序号12：调用子函数延时10ms。这里的10代替了子函数中的k。

序号13：if条件语句，判断按键是否按实，如果按实执行后面大括号中的程序。

序号14：变量ID加1。

序号15：if条件语句，如果ID等于4，那么执行它后面的语句，让ID等于0从头再来。

序号16：while循环语句，判断按键是否松开，如果不松开就停在本行。

序号17：switch开关语句。本例中每个ID都有对应的语句，分别使L_1~L_4各灯闪烁。

序号18：开关语句case 0。取反P1.0，接在P1.0口灯闪烁。调用子函数延时0.3s。break语句，退出case 0。

序号19~21：case 1~case3语句作用同case 0。

【练习题】

把本课中的例子改为每按一次按钮，4个发光管同时以1s做间歇闪烁，再按一次以0.8s做间歇闪烁，再按一次以0.6s做间歇闪烁……再按一次以0.2s做间歇闪烁，最后再按一次又以1s做间歇闪烁，如此循环。

任务七　并行口直接驱动数码管的编程

【任务描述】

本课需要掌握共阴极和共阳极数码管及共阴极和共阳极数码管的段选码。

【任务分析】

如图2-16所示，利用AT89C51单片机的P0端口的P0.0~P0.7连接到一个共阴极数码管的a~h的笔段上，数码管的公共端接地。在数码管上循环显示0~9数字，时间间隔0.2s。

【相关知识】

一、数码管

在单片机系统中，经常用LED（发光二极管）数码显示器来显示单片机系统的工作状态、运算结果等各种信息，LED数码显示器（俗称LED数码管）是单片机与人对话的一种重要输出设备。

参照图2-16，理解数码管共阴极接法和共阳极接法的显示原理。共阴极接法和共阳极接法的字形码见表2-3。

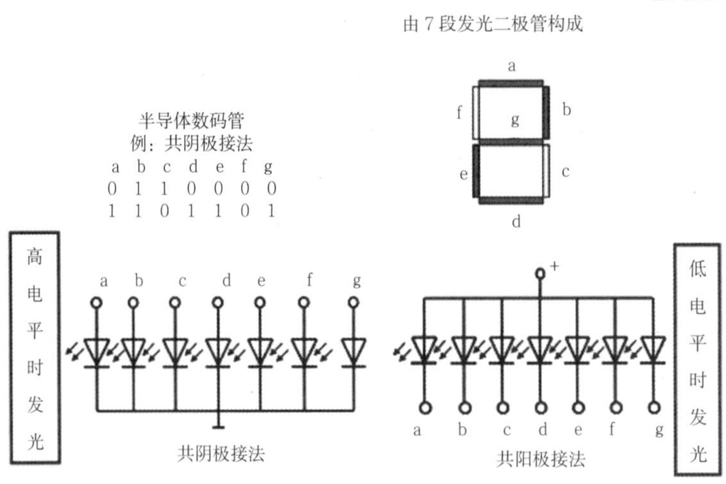

图2-16　数码管内部结构

表2-3　共阴极接法和共阳极接法的字形码

显示字形	h	g	f	e	d	c	b	a	共阴极字形码	共阳极字形码
0	0	0	1	1	1	1	1	1	0x3F	0xC0
1	0	0	0	0	0	1	1	0	0x06	0xF9
2	0	1	0	1	1	0	1	1	0x5B	0xA4
3	0	1	0	0	1	1	1	1	0x4F	0xB0
4	0	1	1	0	0	1	1	0	0x66	0x99
5	0	1	1	0	1	1	0	1	0x6D	0x92
6	0	1	1	1	1	1	0	1	0x7D	0x82
7	0	0	0	0	0	1	1	1	0x07	0xF8
8	0	1	1	1	1	1	1	1	0x7F	0x80
9	0	1	1	0	1	1	1	1	0x6F	0x90
A	0	1	1	1	0	1	1	1	0x77	0x88
b	0	1	1	1	1	1	0	0	0x7C	0x83
C	0	0	1	1	1	0	0	1	0x39	0xC6
d	0	1	0	1	1	1	1	0	0x5E	0xA1
E	0	1	1	1	1	0	0	1	0x79	0x86
F	0	1	1	1	0	0	0	1	0x71	0x8E

二、静态显示法

所谓静态显示，就是每一个数码管各笔画段都要独占具有锁存功能的输出口线，CPU把欲显示的字形代码送到输出口上，就可以使数码管显示出所需的数字或符号，此后，即使CPU不再去访问它，显示的内容也不会消失（因为各笔画段接口具有锁存功能）。

静态显示法的优点是显示程序十分简单，显示稳定、亮度大，由于CPU不必经常扫描数码管，所以节约了CPU的工作时间。但静态显示也有其缺点，主要是占用的I/O口线较多，硬件成本也较高。所以静态显示法常用在显示器数目较少的应用系统中。

【任务实施】

一、电路原理图（共阴极接法）

共阴极接法电路原理图如图2-17所示。

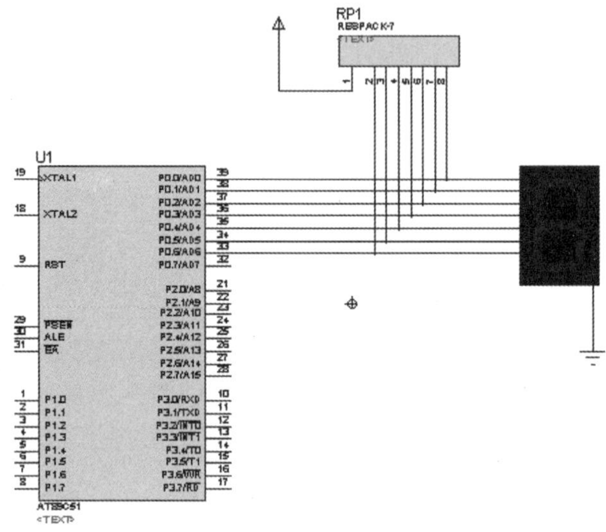

图2-17　共阴极接法电路原理图

二、源程序（共阴极接法）

```
#include <REGX51.H>                                  //1
#define uchar unsigned char                              //2
#define uint unsigned int                                //3
uchar code table[]={0x3f, 0x06, 0x5b, 0x4f, 0x66,               //4
                    0x6d, 0x7d, 0x07, 0x7f, 0x6f};              //5
uchar jishu;                                         //6
/***************************************************/
void delay (uint k)                                      //7
{
  uint i, j;                                         //8
  for (i=0; i<k; i++)                                    //9
  for (j=0; j<121; j++) ;                                //10
}
/****************************************************/
void main (void)                                         //11
{
while (1)                                                //12
  {
   for (jishu=0; jishu<10; jishu++)                  //13
```

```
    {
      P0=table[jishu];                                   //14
      delay（200）;                                      //15
     }
  }
}
```

三、程序详解

序号1：包含文件REGX51.H。

序号2~3：宏定义。

序号4~5：定义10个元素的数组，用来显示0~9的10个数码（共阴极接法）。

序号6：定义一个无符号字符型变量jishu（记数）。

序号7~10：定义延时子函数。

序号11：定义主函数。

序号12：while循环，无限循环。

序号13：for循环，循环10次。

序号14：取段码送P0口。

序号15：延时0.2s以便观察。

【练习题】

1.把本课任务改成共阳极数码管试一下。

2.共阴极数码管接P0口，在P3.0脚接一个按钮，每按一下按钮数码自动加1，直到加到9后再从0开始，如此反复。

任务八　00~99计数器的编程

【任务描述】

学生应通过本课学习掌握数码管的动态扫描原理及单片机对按键的控制原理。

【任务分析】

利用AT89S51单片机来制作一个手动计数器，在AT89S51单片机的P3.7管脚接一个轻触开关，作为手动计数的按钮，用单片机的P2.0~P2.6接一个共阴极数码管，作为00~99计数的十位数显示，用单片机的P1.0~P1.6接一个共阴极数码管，作为00~99计数的个位数显示，硬件电路图如图2-18所示。

【相关知识】

一、除运算符和取余运算符

C语言中，除运算符“/”与我们平时的除法运算符“÷”不一样，如果两个变量为整形，那么7/2＝3，余数舍去，而2/7＝0。

取余运算符“%”，7%2＝1。取余运算符要求参与运算的两个变量均为整型。

二、Protues的标签

在Protues中，如果连线不方便可以使用标签LBL，凡是标签相同的节点都属于同一节点。

【任务实施】

一、电路原理图

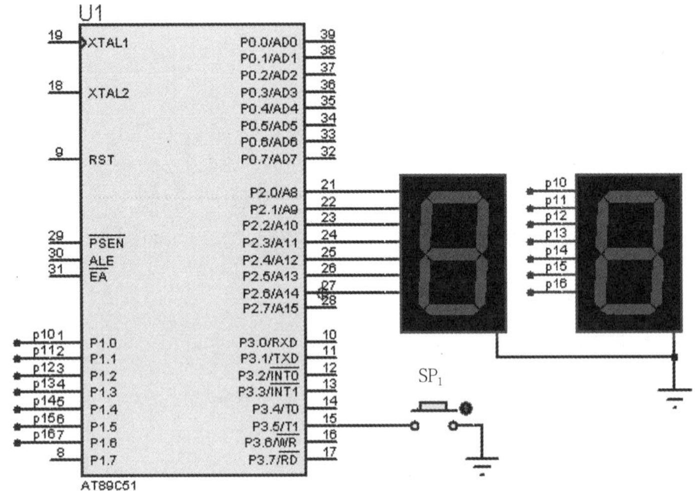

图2-18　00~99计数器电路原理图

二、源程序

```
#include <REGX51.H>
#define uchar unsigned char
#define uint unsigned int
uchar code table[]={0x3f, 0x06, 0x5b, 0x4f, 0x66,
                    0x6d, 0x7d, 0x07, 0x7f, 0x6f};
uchar Count;
/*******************************************************/
void delay (uint k)
{
 uint i, j;
 for (i=0; i<k; i++)
 for (j=0; j<121; j++) ;
}
/**********************************************************/
void main (void)
{
 Count=0;
```

```
 P2=table[Count/10];                                //16
 P1=table[Count%10];                                //17
 while（1）                                          //18
  {                                                  //19
   if（P3_7==0）                                      //20
      {                                              //21
        delay（10）；                                 //22
        if（P3_7==0）                                 //23
          {                                          //24
            Count++;                                 //25
            if（Count==100） Count=0;                 //26
            P2=table[Count/10];                      //27
            P1=table[Count%10];                      //28
            while（P3_7==0）；                        //29
          }                                          //30
        }                                            //31
    }                                                //32
}                                                    //33
```

三、程序详解

序号1：文件包含REGX51.H。

序号2：宏定义。

序号3：宏定义。

序号4~5：数码管0~9的字形码。

序号6：定义一个无符号字符型变量Count（计数）。

序号7~12：延时子函数。

序号13：定义主函数。

序号14：主函数开始。

序号15：送0到Count。

序号16：十位数码送P2。

序号17：个位数码送P1。这两行语句让两个数码管开始为00。

序号18：while循环语句。

序号19：while循环开始。循环从序号18~32。

序号20：if条件语句，用于判断按键是否按下。

序号21：按键按下后执行序号21~31。

序号22：延时10ms以待按键稳定。

序号23：if条件语句。

序号24：按键按下后执行序号24~序号30。

序号25：Count加1，就是计数加1。

序号26：if条件语句，如果计数到100就让Count=0，重新开始计数。计数范围00~99。

序号27：十位数送P2。

序号28：个位数送P1。计数开始。

序号29：while循环语句，等待按键松开。

序号30：序号23条件语句结束。

序号31：序号20条件语句结束。

序号32：序号18循环语句结束。

序号33：主函数结束。

四、在Protues中调试本程序

程序输入完毕，编译生成HEX文件，在Protues中进行仿真。点击运行按钮，两个数码管显示00，每按一下按钮，个位数加1，当个位数加到9时再按一下按钮，数码管变成10。由于要加到99需按99次，这样浪费时间，我们尝试一个既能节省时间又能看到仿真效果的程序。

我们知道，每按一次按钮，相当于P3.7脚输入一个低电平，松开后相当于输入一个高电平，如同一个脉冲。因此我们只要给P3.7脚输入一串方波即可。

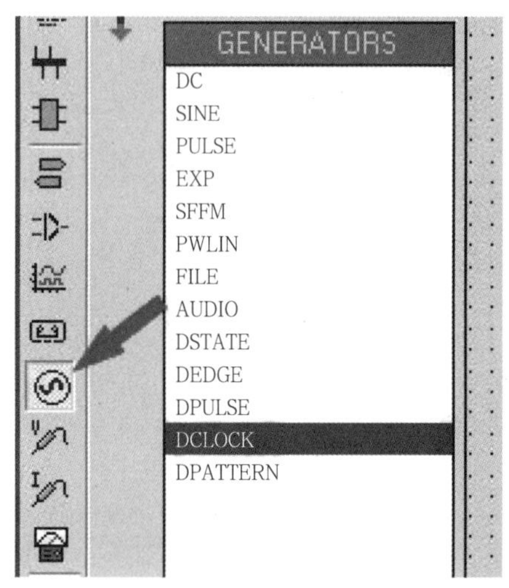

图2-19　选择直流时钟（方波激励源）

点击图2-19中箭头所指图标弹出右侧激励源，选择DCLOCK，加到P3.7引脚与按钮中间接线处，如图2-20所示。

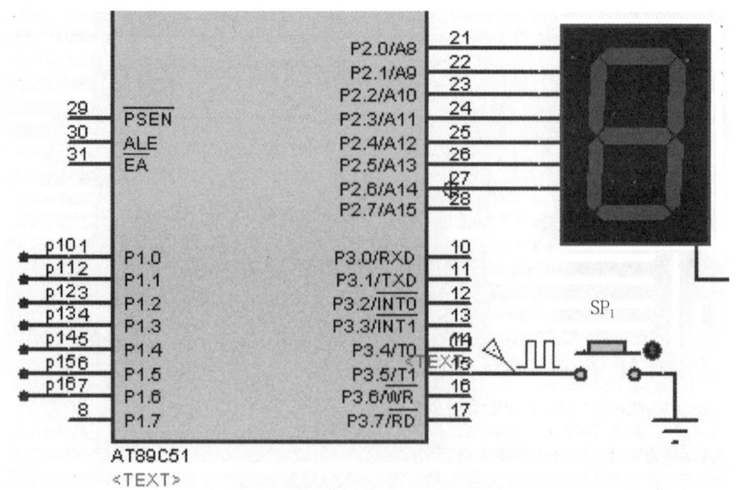

图2-20　添加方波激励源

再次点击运行按钮，我们会发现数码管已经自动计数了。如果觉得不比鼠标点击快多少，那么停止运行，双击刚加入的方波激励源，把频率从1改为5（也可以改成更高），如图2-21所示，再次运行，会看到数码管变化加快了，到了99随后变成00。

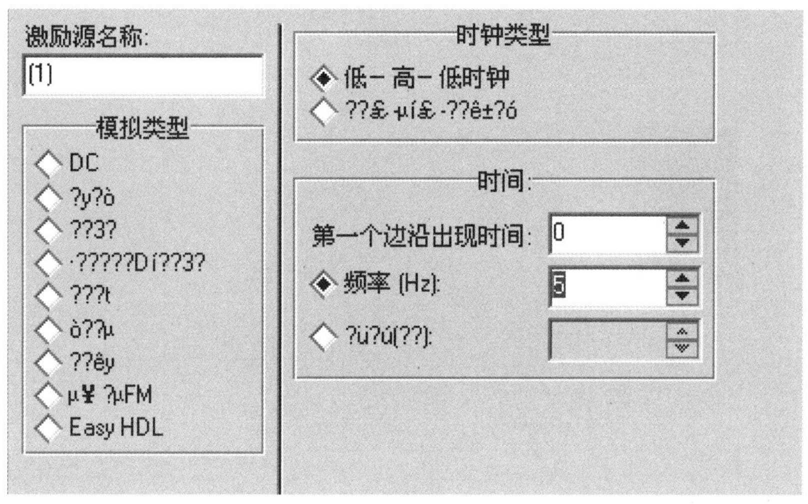

图2-21　改变方波激励源的频率

【练习题】

把本课例子改为00~59s秒表（利用软件来延时）。

任务九　可预置可逆4位计数器的编程

【任务描述】

掌握I/O端口的控制作用及二进制编码数码管的使用。

【任务分析】

利用AT89S51单片机的P1.0~P1.3接4个发光二极管D_1~D_4，用来指示当前计数的数据（二进制）。用P3.0~P3.3作为预置数据的输入端，接4个拨动开关K_1~K_4，用P3.6和P3.7端口接2个轻触开关，用来做加计数和减计数开关。具体的电路原理图如图2-22所示。

【相关知识】

可预置就是可提前设定，在程序没执行前设定一个初值。可逆就是既可做加1计数也可做减1计数。4位计数器计数范围是0~F。

【任务实施】

一、电路原理图

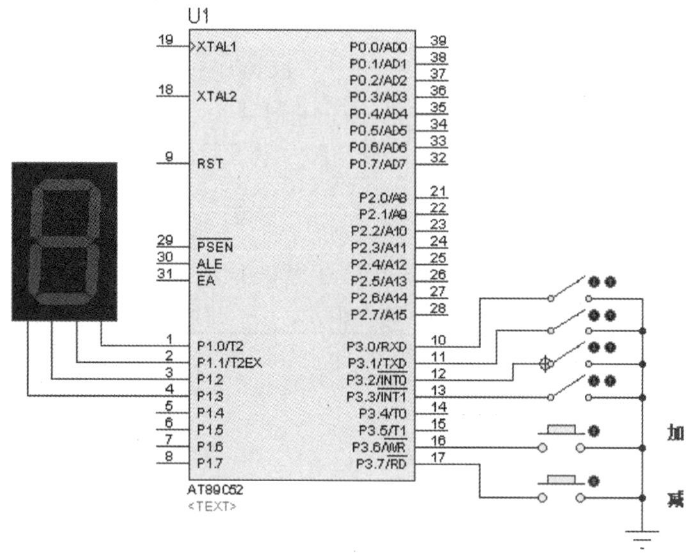

图2-22　可预置可逆4位计数器电路原理图

二、源程序

```
#include <REGX51.H>                                    //1
#define uchar unsigned char                            //2
#define uint unsigned int                              //3
/**********************************************/
void delay10ms（void）                                  //4
{                                                 //5
 uint i， j；                                      //6
 for（i=0； i<10； i++）                            //7
 for（j=0； j<121； j++）；                              //7
}                                                 //8
/***********************************************/
void main（void）                                  //9
{                                                 //10
 count=P3 & 0x0f;                                      //11
 P1=count；                                        //12
 while（1）                                            //13
   {                                              //14
     if（P3_6==0）                                      //15
```

```
        {                                        //16
         delay10ms（）；                          //17
         if（P3_6==0）                            //18
           {                                     //19
             if（count>=15） count=15;                //20
               else count++;                     //22
             P1=count;                           //22
             while（P3_6==0）；                       //23
           }                                     //24
        }                                        //25
      if（P3_7==0）                               //26
          {                                      //27
          delay10ms（）；                         //28
          if（P3_7==0）                           //29
            {                                    //30
              if（count<=0） count=0;             //31
                else count--;                    //32
              P1=count;                          //33
              while（P3_7==0）；                      //34
            }                                    //35
       }                                         //36
    }                                        //37
}                                            //38
```

三、程序详解

序号1：文件包含REGX51.H。

序号2~3：宏定义。

序号4~8：定义子函数delay10ms，延时10ms。

序号9：定义主函数。

序号10：主函数开始。

序号11：P3与0x0f按位送与count，检验按键闭合情况。

序号12：count送P1。P1显示预置数。

序号13：while循环语句，执行到序号37，无限循环。

序号14：循环开始。

序号15：if条件语句，判断按键是否按下。

序号16：按下后执行到序号25。

序号17：延时10ms，等待按键稳定。

序号18：if条件语句，如果按键按下则执行序号19~24。

序号19：开始执行。

序号20：if条件语句，如果计数达到15就停止再加1。

序号21：否则计数加1。

序号22：计数送P1。

序号23：等待按键松开。

序号24：序号18条件语句结束。

序号25：序号15条件语句结束，完成递增计数。

序号26~36：完成递减计数，请大家参照递增自行分析。

序号37：while循环结束，返回序号13继续循环。

序号38：主函数结束。

任务十　动态数码显示技术的编程

【任务描述】

掌握动态扫描的实现方法、段码和位码的使用。

【任务分析】

动态显示是每隔一段很短的时间依次点亮一个数码管，再利用人视觉的暂留效应，从而使数码管显示看起来是连续的。相对而言，动态显示的电路、程序稍微复杂，但是可以节约单片机的接口资源。动态显示涉及位选和段选。位选就是选通显示的数码管，段选就是控制该片数码管所要显示的内容。

【相关知识】

数码管动态扫描显示就是把所有数码管的7个笔画段a~g的各段同名端互相并联在一起，并把它们接到字段输出口上。为了防止各个数码管同时显示相同的数字，各个数码管的公共端还要受另一组信号的控制，即把它们接到位输出口上。这样，一组数码管需要由两组信号来控制：一组是字段输出口输出的字形代码，用来控制显示的字形，称为段码；另一组是位输出口输出的控制信号，用来选择第几位数码管工作，称为位码。在这两组信号的控制下，可以一位一位地轮流点亮各个数码管，使其显示各自的数码，以实现动态扫描显示。在轮流点亮一遍的过程中，每个数码管点亮的时间则是极为短暂的（1~5ms）。由于数码管的余辉和人眼的视觉惰性，尽管各个数码管实际上是分时断续地显示，但只要选取适当的扫描频率，给人眼的视觉印象则是连续稳定地显示，并不会让人察觉有闪烁现象。

其优点是占用资源少、耗电量小，缺点是显示稳定性不易控制、程序设计复杂、单片机负担重。

图2-23是静态扫描和动态扫描接法示意图。

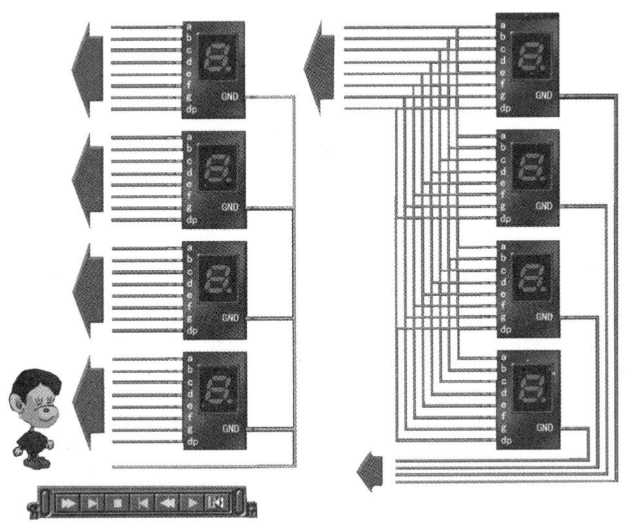

图2-23　静态扫描和动态扫描接法示意图

【任务实施】

如图2-24所示，P0端口接动态数码管的字形码笔段，P2端口接动态数码管的数位选择端，P3.7接一个开关，当开关接高电平时，显示“12345”字样；当开关接低电平时，显示“HELLO”字样。

一、电路原理图

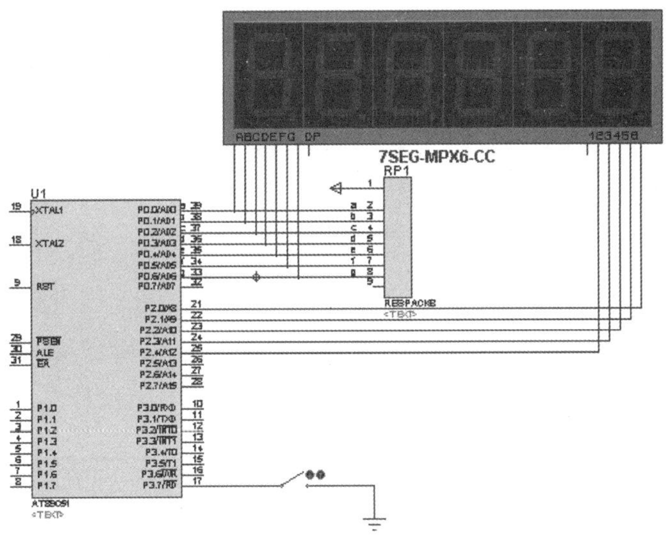

图2-24　动态数码显示电路原理图

二、源程序

```
#include <REGX51.H>                                    //1
#define uchar unsigned char                            //2
#define uint unsigned int                              //3
uchar code table1[]={0x6d, 0x66, 0x4f, 0x5b, 0x06};    //4
```

```
uchar code table2[]={0x3f，0x38，0x38，0x79，0x76}；        //5
uchar code ACT[]={0xfe，0xfd，0xfb，0xf7，0xef}；           //6
uchar i；                                                   //7
/*****************************************************/
void delay（uint k）                                        //8
{                                                           //9
uint i，j；                                                 //10
for（i=0；i<k；i++）                                        //11
for（j=0；j<121；j++）；                                    //12
}                                                           //13
/*****************************************************/
void main（void）                                           //14
{                                                           //15
 while（1）                                                 //16
   {                                                        //17
     for（i=0；i<5；i++）                                   //18
     {                                                      //19
       if（P3_7==1）                                        //20
       {                                                    //21
           P2=ACT[i]；P0=table1[i]；delay（4）；            //22
         }                                                  //23
        else                                                //24
     {                                                      //25
          P2=ACT[i]；P0=table2[i]；delay（4）；             //26
     }                                                      //27
    }                                                       //28
  }                                                         //29
}                                                           //30
```

三、程序详解

序号1：文件包含REGX51.H。

序号2~3：宏定义。

序号4：数码管1~5的字形码。

序号5：字母HELLO的字形码。

序号6：5个数码管的位选码。

序号7：定义一个无符号字符型变量i。

序号8~13：定义延时子函数delay。

序号14：定义主函数。

序号15：主函数开始。

序号16：while循环语句，无限循环。

序号17：while循环开始。

序号18：for循环语句，循环5次。

序号19：for循环开始。

序号20：if条件语句，判断按键是否断开。如果断开执行下列语句。

序号21：if开始执行。

序号22：ACT位选码送P2，选择数码管，table1段选码送P0，显示数字1~5，延时4ms。

序号23：if语句结束。

序号24：else语句，如果按键闭合，则执行下列语句。

序号25：else开始执行。

序号26：ACT位选码送P2，table2段选码送P0，显示HELLO，延时4ms。

序号27：else语句结束。

序号28：for循环结束。

序号29：while循环结束，返回序号16。

序号30：主函数结束。

【练习题】

P0端口接6个数码管，P2端口作为位选择端。使6个数码管从左至右显示字母A、b、C、d、E、F。

任务十一 报警产生器

【任务描述】

掌握声音的产生和控制及两种延时的嵌套。

【任务分析】

用P1.0输出1000Hz和500Hz的音频信号驱动扬声器，作报警信号，要求1000Hz信号响100ms，500Hz信号响200ms，交替进行，P1.7接一个开关进行控制，当开关合上报警信号响，当开关断开报警信号停止，编出程序。

【相关知识】

一、声音的产生

声音是由于振动产生的，如果让单片机的一个引脚一会儿输出高电平，一会儿输出低电平，就是输出一串方波，用这种方波推动扬声器的纸盆，扬声器就能发出声音。1000Hz的周期是1ms，500Hz的周期是2ms。使用软件延时就能做到。

二、虚拟示波器

在Proteus中如果要观察某处波形，可使用虚拟示波器。图2-25所示是虚拟示波器选择窗口，图2-26所示是虚拟示波器符号，虚拟示波器共有4个输入端，根据需要可接任意端口。

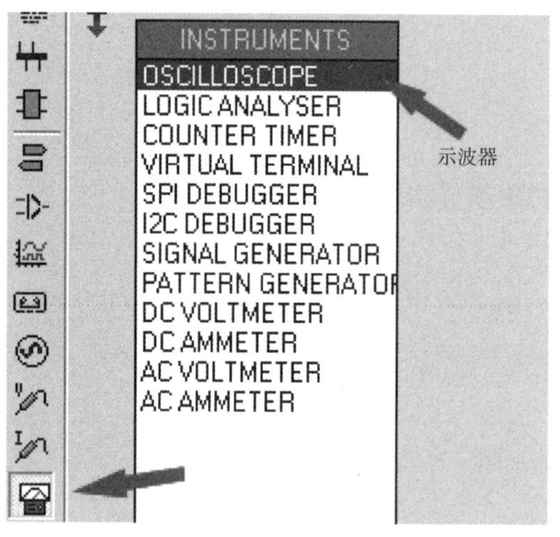

图2-25　虚拟示波器选择窗口

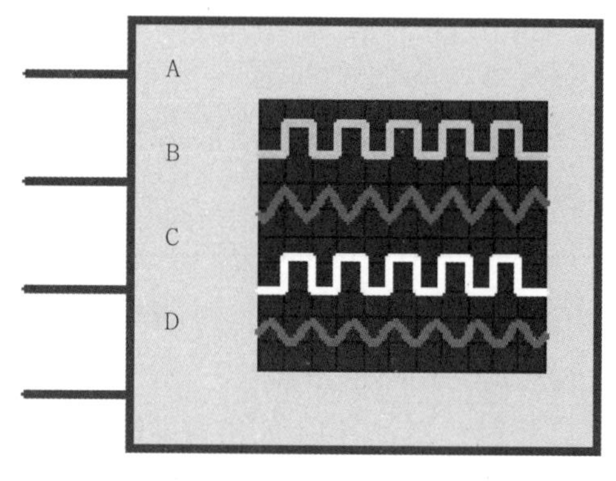

图2-26　虚拟示波器符号

【任务实施】

一、电路原理图

报警产生器电路原理图如图2-27所示。

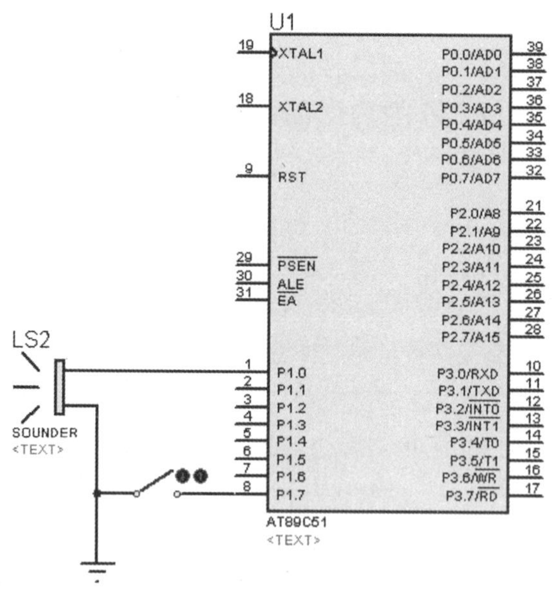

图2-27　报警产生器电路原理图

二、源程序

```
#include <REGX51.H>                    //1
#define uchar unsigned char              /2
#define uint unsigned int                //3
```

```
uchar i，j；                                    //4
/****************************************/
void delay（）                                  //5
{                                               //6
 uint i；                                        //7
   for（i=0； i<121； i++）；                     //8
 }                                               //9
/****************************************/
void main（void）                               //10
{                                               //11
 while（1）                                      //12
     {                                          //13
       if（P1_7==0）                              //14
          {                                      //15
           for（i=248； i>0； i--）               //16
             {                                   //17
                P1_0=~P1_0;                      //18
                delay（）；                       //19
             }                                   //20
       for（i=2； i>0； i--）                     //21
       for（j=248； j>0； j--）                   //22
            {                                    //23
             P1_0=~P1_0;                         //24
             delay（）；                          //25
            delay（）；                           //26
        }                                        //27
     }                                           //28
  }                                             //29
}                                               //30
```

三、程序详解

序号1：包含文件REGX51.H。

序号2~3：宏定义。

序号4：定义两个无符号字符型变量i、j，全局变量。

序号5~9：定义延时子函数delay，延时1ms。

序号10：定义主函数。

序号11：主函数开始。

序号12：while循环语句。

序号13：while循环开始。

序号14：if条件语句，判断开关是否合上。

序号15：条件语句开始。

序号16：for循环语句。1000Hz响100ms。

序号17：for循环开始。

序号18：P1取反再送给P1。

序号19：延时1ms。产生1000Hz的方波。

序号20：for循环结束，整个循环体大约延时100ms。

序号21~22：两个for循环使程序延时大约200ms。

序号23~27：是for循环的循环体，由于有两个delay（）延时2ms，因此产生500Hz的方波。

序号28：if条件语句结束。

序号29：while循环语句结束。

序号30：主函数结束。

【练习题】

在本课例子中的P1.0口接一个虚拟示波器，运行程序观看输出波形。

项目三　单片机的中级模块编程

任务一　00~59 s计时器编程（查询法、中断法）

【任务描述】

掌握定时/计数器控制寄存器TCON和方式控制寄存器TMOD及定时/计数器初值的计算、定时/计数器的初始化。掌握对中断的理解，中断允许寄存器IE的使用，中断服务函数的定义。

一、00~59 s计时器编程（查询法）

【任务分析】

00~59 s计时器编程（查询法），用AT89C51单片机的定时/计数器T0产生1s的定时时间，作为秒计数时间，利用查询方式，当1s产生时，秒计数加1，秒计数到60时，自动从0开始。编程电路原理图如图3-1所示。

【相关知识】

（一）定时/计数器

51系列单片机有两个16位定时/计数器：定时/计数器0和定时/计数器1，简称T0和T1。每个定时/计数器又可分成2个8位的定时/计数器，分别称为TH0、TL0和TH1、TL1。每个定时/计数器的工作方式有4种，分别是方式0、方式1、方式2、方式3。定时/计数器既能用来定时又能用来计数。定时/计数器的核心是一个加1计数器，加1计数器的脉冲有两个来源，一个是外部脉冲，另一个是系统的时钟脉冲。计数时输入外部脉冲，定时时输入系统时钟脉冲。每输入一个脉冲，计数值加1，当计数到计数器为全1时，再输入一个脉冲就使计数值回零，同时从最高位溢出一个脉冲向系统发出中断请求。处于定时状态表示定时的时间到，处于计数状态表示计数回零。

（二）工作方式1

为了使问题简单化，这一课我们只研究定时/计数器T0和工作方式1。方式1为16位计数结构的工作方式，计数器由8位TH0和8位TL0构成。当作为计数工作方式时，计数值的范围是1~65536（216）。当作为定时工作方式时，定时时间计算公式为：

（216 - 计数初值）×晶振周期×12或（216 - 计数初值）×机器周期

（三）定时/计数器控制寄存器（TCON）

定时/计数器控制寄存器结构见表3-1。

TR0：定时/计数器运行控制位。TR0=1时开启，TR0=0时关闭。

TF0：定时/计数器T0溢出中断标志位，当定时器T0溢出时，TF0=1。

表3-1　定时/计数器控制寄存器结构

D7	D6	D5	D4	D3	D2	D1	D0
TF1	TR1	TF0	TR0	IE1	IT1	IE0	IT0
				←与外部中断有关→			

（四）定时/计数器方式寄存器（TMOD）

定时/计数器方式寄存器结构见表3-2。

其中，高4位控制定时/计数器1，我们把它的每一位都置0，不使用它。低4位控制定时/计数器0。

M1、M0工作方式选择位：M1=0、M0=1工作于方式1。

$C/\overline{T}$：选择“计数”还是“定时”功能。当$C/\overline{T}$=1时为计数功能，当$C/C\overline{T}$=0时为定时功能，这里我们用作定时，因此$C/\overline{T}$=0。

GATE：选通控制。GATE=0，由软件控制TR0位启动定时器。GATE=1暂不讨论。

表3-2　定时/计数器方式寄存器结构

D7	D6	D5	D4	D3	D2	D1	D0
GATA	$C/\overline{T}$	M1	M0	GATA	$C/\overline{T}$	M1	M0
←T1 方式字段→				←T0 方式字段→			

（五）定时/计数器的初始化

(1) 确定工作方式，对TMOD赋值。从上面的讨论可知本例TMOD=1，即使用定时器0，工作方式1。

(2) 预置定时或计数的初值，可直接将初值写入TH0、TL0或者TH1、TL1。

(3) 启动定时/计数器，若已规定用软件启动，当执行到TR0=1时定时器立即开始计时。

【任务实施】

（一）电路原理图

00~59s计时器编程电路原理图如图3-1所示。

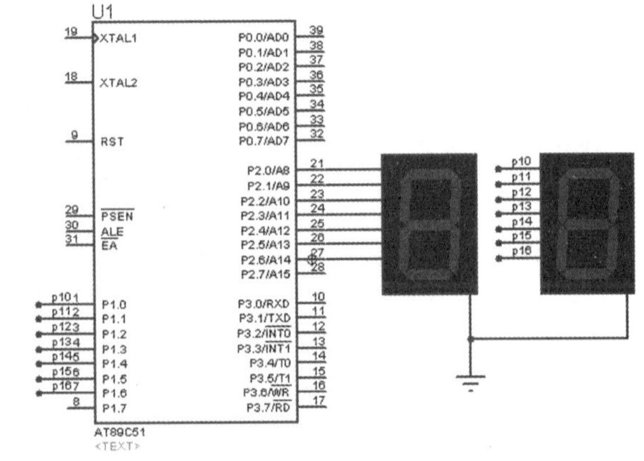

图3-1　00~59 s计时器编程电路原理图

（二）任务实现方法

如果我们使用的单片机的晶振频率为11.0592MHz，那么一个时钟周期约为1μs。我们选择16位定时工作方式1，对于T0来说，最大定时也只有

65536μs，即65.536ms，无法达到我们所需要的1s的定时，因此，我们必须通过软件来处理这个问题，假设我们取T0的最大定时为50ms，即要定时1s需要经过20次的50ms的定时。对于这20次我们就可以采用软件的方法来统计。

因此，我们设定TMOD＝00000001B，即TMOD＝0x01。

下面我们要给T0定时/计数器的TH0、TL0装入预置初值，通过下面的公式可以计算出：

TH0＝（65536－50000）　/　256

TL0＝（65536－50000）　%　256

当T0在工作的时候，我们如何得知50ms的定时时间已到，这回我们可以通过检测TCON特殊功能寄存器中的TF0标志位，如果TF0＝1表示定时时间已到。定时到后把TF0标志位清零，再重新装入初值。循环往复。

二、源程序（查询法）

```
#include <REGX51.H>                                    //1
#define uchar unsigned char                            //2
#define uint unsigned int                              //3
uchar code dispcode[]={0x3f, 0x06, 0x5b, 0x4f, 0x66,   //4
                       0x6d, 0x7d, 0x07, 0x7f, 0x6f};  //5
uchar second;                                          //6
uchar tcount;                                          //7
/****************************************************/
void main（void）                                      //8
{                                                      //9
 TMOD=0x01;                                            //10
 TH0=（65536-50000）/256;                              //11
 TL0=（65536-50000）%256;                              //12
 TR0=1;                                                //13
 tcount=0;                                             //14
 second=0;                                             //15
 P2=dispcode[second/10];                               //16
 P1=dispcode[second%10];                               //17
 while（1）                                            //18
  {                                                    //19
    if（TF0==1）                                       //20
       {                                               //21
        tcount++;                                      //22
```

```
        if (tcount==20)                              //23
          {                                          //24
        tcount=0;                                    //25
        second++;                                    //26
        if (second==60)                              //27
          {                                          //28
           second=0;                                 //29
          }                                          //30
        P2=dispcode[second/10];                      //31
        P1=dispcode[second%10];                      //32
       }                                             //33
      TF0=0;                                         //34
      TH0=(65536-50000)/256;                         //35
      TL0=(65536-50000)%256;                         //36
     }                                               //37
   }                                                 //38
}                                                    //39
```

三、程序详解

序号1：包含文件REGX51.H。

序号2~3：宏定义。

序号4~5：用于显示数字0~9。

序号6：定义无符号字符变量second，用于秒计数。

序号7：定义无符号字符变量tcount，用于定时器计数。

序号8：定义主函数。

序号9：主函数开始。

序号10：定时/计数器方式寄存器TMOD＝1，使用定时器T0、工作方式1工作在定时模式。

序号11~12：定时器T0赋初值。

序号13：启动定时器。

序号14：定时器计数次数赋初值0。

序号15：秒计数次数赋初值0。

序号16：秒十位送P2口显示。

序号17：秒个位送P1口显示。

序号18：while循环，进行无限循环。

序号19：while循环开始。

序号20：if条件语句，判断标志位TF0是否溢出。

序号21：如果溢出则执行下列语句。

序号22：计数次数tcount加1。

序号23：if条件语句，判断计数次数是否等于20。

序号24：如果计数次数等于20，则执行下列语句。

序号25：计数次数回零。

序号26：秒计数second加1。

序号27：if条件语句，判断秒计数是否等于60。

序号28~30：如果秒计数等于60，则second=0重新计数。

序号31：秒十位送P2口显示。

序号32：秒个位送P1口显示。

序号33：序号23条件语句结束。

序号34：溢出标志位TF0清零。

序号35~36：重装计数初值。

序号37：序号20条件语句结束。

序号38：while循环语句结束。

序号39：主函数结束。

四、00~59s计时器（中断法）

【任务分析】

00~59s计时器编程（中断法），用AT89C51单片机的定时/计数器T0产生1s的定时时间，作为秒计数时间，利用中断方式，当1s产生时，秒计数加1，秒计数到60时，自动从0开始。

【相关知识】

（一）中断

中断就是中断某一工作过程去处理一些与本工作过程无关、间接相关或临时发生的事件，处理完后，再继续进行原工作的过程。

类似的情况在单片机中也同样存在，通常单片机中只有一个CPU，但却要处理如运行程序，数据输入、输出以及特殊情况等多项任务，为此也只能采用停下一个工作去处理另一个工作的中断方法。

51单片机共有3类5个中断源，其中2个为外部中断请求INT0和INT1（由P3.2和P3.3输入），2个为片内定时/计数器T0和T1的溢出中断请求TF0和TF1，还有一个为片内串行口中断请求TI或RI，这些中断请求信号分别锁存在特殊功能寄存器TCON和SCON中。

（二）中断允许寄存器（IE）

中断允许寄存器结构见表3-3。

表3-3　中断允许寄存器结构

IE	D7	D6	D5	D4	D3	D2	D1	D0
	EA	—	—	ES	ET1	EX1	ET0	EX0
位地址	AFH			ACH	ABH	AAH	A9H	A8H

EA：中断总允许控制位。EA＝0，禁止总中断。EA＝1，开放总中断，随后每个中断源分别由各自允许位的置位或清除确定开放或禁止。

ET0：定时/计数器T0中断允许控制位。ET0＝0，禁止T0中断。ET0＝1，允许T0中断。其他位先暂不作介绍。

（三）中断服务函数

定义中断服务函数的一般形式为：

函数类型　函数名（形式参数表）[interrupt n] [using m]

using后面的m是一个0~3的常整数，分别选中4个不同的工作寄存器组。在定义一个函数时using是一个选项，对于初学者，如果不用该选项，则由编译器选择一个寄存器组做绝对寄存器组访问。

需要说明的是中断服务函数无须先声明即可直接定义使用。51单片机的常用中断源见表3-4。

表3-4　51单片机的常用中断源

n	中断源
0	外部中断 0
1	定时 / 计数器 0
2	外部中断 1
3	定时 / 计数器 1
4	串行口

【任务实施】

（一）电路原理图

00~59s计时器编程电路原理图如图3-2所示。

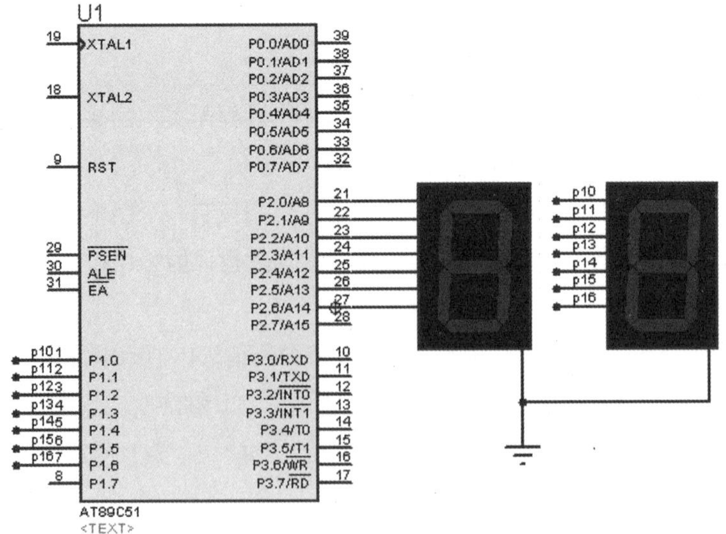

图3-2　00~59 s计时器编程电路原理图

（二）任务实现方法

要使用中断方式，首先进行初始化。我们设定TMOD＝00000001B，即TMOD＝0x01，即定时/计数器T0工作于定时方式1，16位工作模式。

下面我们给T0定时/计数器的TH0、TL0装入预置初值，通过下面的公式可以计算出：

TH0＝（65536－50000） / 256

TL0＝（65536－50000） % 256

总中断允许：EA＝1。

定时器T0中断允许：ET0＝1。

启动定时器T0：TR0＝1。

当定时器T0的TF0＝1时，表示定时时间已到。定时时间到后申请中断，由硬件把TF0标志位清零，再重新装入初值，循环往复。

（三）源程序（中断法）

```
#include <REGX51.H>                                        //1
#define uchar unsigned char                                //2
#define uint unsigned int                                  //3
uchar code dispcode[]={0x3f, 0x06, 0x5b, 0x4f, 0x66,       //4
            0x6d, 0x7d, 0x07, 0x7f, 0x6f};                 //5
uchar second;                                              //6
uchar tcount;                                              //7
/*******************************************************/
void main (void)                                           //8
{                                                          //9
 TMOD=0x01;                                                //10
 TH0= (65536-50000) /256;                                  //11
 TL0= (65536-50000) %256;                                  //12
 TR0=1;                                                    //13
 ET0=1;                                                    //14
 EA=1;                                                     //15
 tcount=0;                                                 //16
 second=0;                                                 //17
 P2=dispcode[second/10];                                   //18
 P1=dispcode[second%10];                                   //19
 while (1) ;                                               //20
}                                                          //21
/*******************************************************/
```

```
void timer0（void） interrupt 1                 //22
{                                               //23
 tcount++;                                      //24
 if（tcount==20）                                //25
   {                                            //26
     tcount=0;                                  //27
     second++;                                  //28
     if（second==60）                            //29
       {                                        //30
        second=0;                               //31
       }                                        //32
   P2=dispcode[second/10];                      //33
   P1=dispcode[second%10];                      //34
    }                                           //35
 TH0=（65536-50000）/256;                        //36
 TL0=（65536-50000）%256;                        //37
}                                               //38
```

（四）程序详解

序号1：包含文件REGX51.H。

序号2~3：宏定义。

序号4~5：定义数组用于显示数码0~9。

序号6：定义变量second用于秒计数。

序号7：定义变量tcount用于溢出计数。

序号8：定义主函数。

序号9：主函数开始。

序号10：定时/计数器T0工作于定时方式1。

序号11：对T0高8位赋初值。

序号12：对T0低8位赋初值。

序号13：启动定时器T0。

序号14：定时器T0中断允许。

序号15：总中断允许。

序号16：溢出计数赋初值0。

序号17：秒计数赋初值0。

序号18：秒十位送P2。

序号19：秒个位送P1。

序号20：动态停机。

序号21：主函数结束。

序号22：定义名字为timer0的中断服务子函数，名字可以随便起。interrupt 1使用定时/计数器T0。

序号23：子函数开始。

序号24：溢出计数值加1。

序号25：if条件语句，用于判断溢出是否达到20次。

序号26：如果溢出达到20次，则执行下列语句。

序号27：tcount清零，重新计数。

序号28：second计数加1。

序号29~32：if条件语句组成的判断，如果秒计数达到60，那么让second清零，重新开始计时。

序号33：秒十位送P2。

序号34：秒个位送P1。

序号35：序号25行if条件语句执行结束。

序号36~37：重装初值，再进行计数。

序号38：中断服务子函数结束。

【练习题】

1.用定时器以间隔500ms在6位数码管上依次显示0、1、2、3……C、d、E、F，重复。

2.上机操作：使用中断方法设计一个99~00s倒计时定时器。

任务二　闪烁灯中断法的编程

【任务描述】

掌握中断初始化的设定及单片机响应中断的过程。

【任务分析】

用AT89C51的定时/计数器T0产生5s的定时，每当5s时到来时，更换指示灯闪烁，每个指示闪烁的频率为0.2s，也就是说，开始L_1指示灯以0.2s的速率闪烁，当5s定时到来之后，L_2开始以0.2s的速率闪烁，如此循环下去。0.2s的闪烁速率也由定时/计数器T0来完成。

【相关知识】

图3-3所示为单片机响应中断的流程图。

引起CPU中断的根源，称为中断源。中断源向CPU提出中断请求。CPU暂时中断原来的事件A，转去处理事件B。对事件B处理完毕后，再回到原来被中断的地方（断点），称为中断返回。实现上述中断功能的部件称为中断系统（中断机构）。

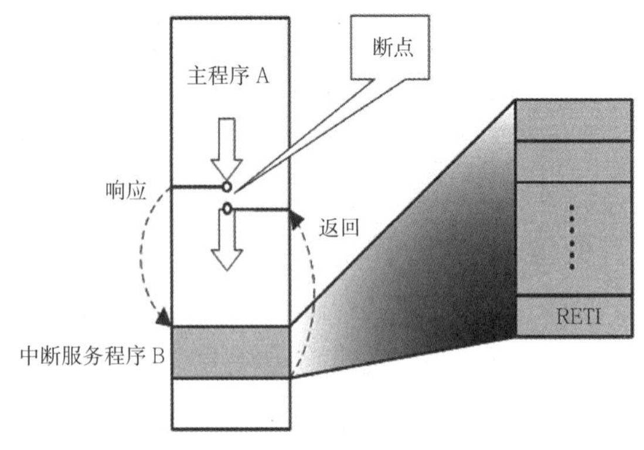

图3-3　单片机响应中断的流程图

【任务实施】

一、电路原理图

闪烁灯电路原理图如图3-4所示。

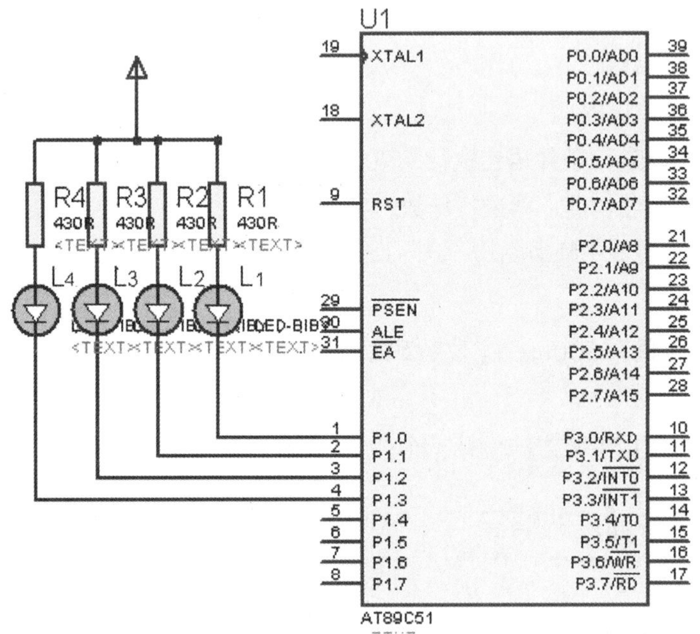

图3-4　闪烁灯电路原理图

二、任务实现方法

如果定时5s，采用16位定时50ms，共定时100次才可达到5s，每50ms产生一个中断，定时的100次数在中断服务程序中完成，同样0.2s的定时，需要4次才可达到0.2s。对于中断程序，在主程序中进行初始化。

由于每次5s定时到时，L_1~L_4要交替闪烁。采用ID来号来识别。当ID＝0时，L_1在闪烁；当ID＝1时，L_2在闪烁；当ID＝2时，L_3在闪烁；当ID＝3时，L_4在闪烁

三、源程序（中断法）

```
#include <REGX51.H>                              //1
```

```
#define uchar unsigned char
#define uint unsigned int
uchar tcount5s;
uchar tcount02s;
uchar ID;
/**************************************************/
void main（void）
{
 TMOD=0x01;
 TH0=（65536-50000）/256;
 TL0=（65536-50000）%256;
 TR0=1;
 ET0=1;
 EA=1;
 while（1）;
}
/************************************************/
void timer0（void） interrupt 1
{
   tcount5s++;
   if（tcount5s==100）
    {
        tcount5s=0;
        ID++;
       if（ID==4）
           {
            ID=0;
           }
    }
   tcount02s++;
   if（tcount02s==4）
   {
       tcount02s=0;
       switch（ID）
       {
```

```
        case 0:                                  //35
            P1_3=1;                          //36
            P1_0=~P1_0;                  //37
            break;                           //38
        case 1:                              //39
            P1_0=1;                          //40
            P1_1=~P1_1;                  //41
            break;                           //42
      case 2:                                //43
              P1_1=1;                    //44
              P1_2=~P1_2;                //45
              break;                         //46
      case 3:                                //47
              P1_2=1;                        //48
              P1_3=~P1_3;                //49
              break;                         //50
      }                                      //51
   }                                     //52
}                                        //53
```

四、程序详解

序号1：包含文件REGX51.H。

序号2~3：宏定义。

序号4：定义5s计数次数。

序号5：定义0.2s计数次数。

序号6：定义变量ID用于开关语句分支。

序号7：定义主函数。

序号8：主函数开始。

序号9：定时/计数器T0工作于定时方式1。

序号10：对T0高8位赋初值。

序号11：对T0低8位赋初值。

序号12：启动定时器T0。

序号13：定时器T0中断允许。

序号14：总中断允许。

序号15：动态停机。

序号16：主函数结束。

序号17：定义中断服务子函数t0。

序号18：子函数开始。

序号19：5s溢出次数加1。

序号20：if条件语句，判断溢出次数是否等于100，也就是5s。

序号21：如果5s时间到，则执行下列语句。

序号22：溢出次数回零。

序号23：开关判断分支ID加1。

序号24：if条件语句，判断ID是否等于4。

序号25~27：如果ID等于4，则ID回零。

序号28：序号20条件语句结束。

序号29：0.2s溢出次数加1。

序号30：if条件语句，判断0.2s溢出次数是否等于4。

序号31：如果等于4，则执行下列语句。

序号32：0.2s溢出次数回零。

序号33：switch开关语句。

序号34：开关语句开始。

序号35：分支0。

序号36：灭P1.3口灯。

序号37：取反P1.0。

序号38：退出分支0。

序号39：分支1。

序号40：灭P1.0口灯。

序号41：取反P1.1。

序号42：退出分支1。

序号43：分支2。

序号44：灭P1.1口灯。

序号45：取反P1.2。

序号46：退出分支2。

序号47：分支3。

序号48：灭P1.2口灯。

序号49：取反P1.3。

序号50：退出分支3。

序号51：开关语句结束。

序号52：序号30行条件语句结束。

序号53：子函数结束。

【练习题】

用8个发光管演示8位二进制累加过程，要求间隔200ms。

任务三　00~59 秒表的编程

【任务描述】

掌握定时/计数器的4种工作方式及工作方式2的使用。

【任务分析】

开始时，显示“00”，第1次按下SP_1后就开始计时。第2次按SP_1后，计时停止。第3次按SP_1后，计时归零。

【相关知识】

一、定时/计数器的4种工作方式

定时/计数器的4种工作方式，由方式寄存器TMOD的M1M0位来定义，见表3-5。

表3-5　定时/计数器4种工作方式及说明

M1M0	工作方式	说明
00	方式 0	13 位定时 / 计数器
01	方式 1	16 位定时 / 计数器
10	方式 2	8 位自动重装定时 / 计数器
11	方式 3	T0 分成两个独立的 8 位定时 / 计数器，T1 此方式停止计数

二、工作方式2

工作方式2是自动重新加载工作方式。在这种工作方式下，把16位计数器分为两部分，即以TL0做计数器，以TH0做预置寄存器，初始化时把计数初值分别装入TL0和TH0中。当计数溢出后，由预置寄存器以硬件方法自动加载。

初始化时，8位计数初值同时装入TL0和TH0中。当TL0计数溢出时，置位TF0，同时把保存在TH0中的计数初值自动加载装入TL0中，然后TL0重新计数，如此重复不止，这不但省去了用户程序中的重装指令，而且有利于提高定时精度。但这种方式下计数值有限，最大只能到256。这种自动重新加载工作方式非常适用于连续定时或计数应用。

当作为计数工作方式时，计数值的范围：1~256（28）。

当作为定时工作方式时，定时时间计算公式：

（28-计数初值）×时钟周期×12或（28-计数初值）×机器周期

【任务实施】

一、电路原理图

00~59秒表原理图如图3-5所示。

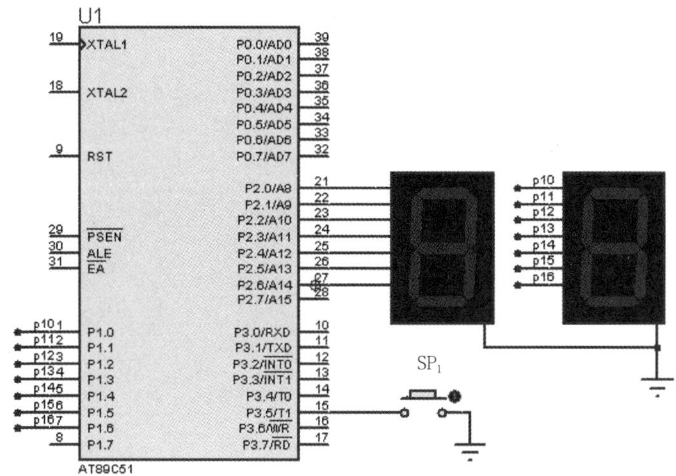

图3-5　00~59秒表原理图

二、任务实现方法

首先进行初始化。我们设定TMOD＝00000010B，即TMOD＝0x02，即定时/计数器T0工作于定时方式2，自动重新加载工作模式。

下面我们给T0定时/计数器的TH0、TL0装入预置初值：

TH0＝0x06;

TL0＝0x06;

这样两个定时器的计数值都为250，约250μs，经过4000次溢出才能达到1s。

总中断允许：EA＝1。

定时器T0中断允许：ET0＝1。

启动定时器T0：TR0＝1。

当TL0计数溢出时，置位TF0，同时把保存在TH0中的计数初值自动加载装入TL0，然后TL0重新计数，如此重复不止。

三、源程序（中断法）

```
#include <REGX51.H>                                         //1
#define uchar unsigned char                                 //2
#define uint unsigned int                                   //3
uchar code dispcode[]={0x3f, 0x06, 0x5b, 0x4f, 0x66,        //4
                       0x6d, 0x7d, 0x07, 0x7f, 0x6f};       //5
uchar second;                                               //6
uchar keycnt;                                               //7
uint tcnt;                                                  //8
```

```
/***************************************************/
void delay（void）                               //9
{                                                //10
   uint i，j；                                   //11
   for（i=10；i>0；i--）                          //12
    for（j=121；j>0；j--）；                      //13
}                                                //14
/***************************************************/
void main（void）                                //15
{                                                //16
 TMOD=0x02；                                     //17
 ET0=1；                                         //18
 EA=1；                                          //19
 second=0；                                      //20
 P2=dispcode[second/10]；                        //21
 P1=dispcode[second%10]；                        //22
 while（1）                                      //23
   {                                             //24
    if（P3_5==0）                                 //25
        {                                        //26
        delay（）；                               //27
          if（P3_5==0）                           //28
              {                                  //29
              keycnt++；                          //30
              switch（keycnt）                    //31
                {                                //32
                case 1：                          //33
                   TH0=0x06；                     //34
                   TL0=0x06；                     //35
                   TR0=1；                        //36
                    break；                       //37
                  case 2：                        //38
                     TR0=0；                      //39
                     break；                      //40
                  case 3：                        //41
```

```
                    keycnt=0;                                    //42
                    second=0;                                    //43
                    P2=dispcode[second/10];                      //44
                    P1=dispcode[second%10];                      //45
                    break;                                       //46
                }                                                //47
            while（P3_5==0）;                                    //48
        }                                                        //49
      }                                                          //50
   }                                                             //51
}                                                                //52
/*************************************************/
void t0（void） interrupt 1 using 0                              //53
{                                                                //54
 tcnt++;                                                         //55
 if（tcnt==4000）                                                //56
   {                                                             //57
    tcnt=0;                                                      //58
    second++;                                                    //59
    if（second==60）                                             //60
       {                                                         //61
        second=0;                                                //62
       }                                                         //63
    P2=dispcode[second/10];                                      //64
    P1=dispcode[second%10];                                      //65
   }                                                             //66
}                                                                //67
```

四、程序详解

序号1：包含文件REGX51.H。

序号2~3：宏定义。

序号4~5：定义数组用于显示数码0~9。

序号6：定义变量second用于秒计数。

序号7：定义变量keycnt用于按键计数。

序号8：定义变量tcnt用于溢出计数。

序号9~14：定义子函数，用于延时。

序号15：定义主函数。

序号16：主函数开始。

序号17：定义定时/计数器T0工作于定时方式2。

序号18：定时器T0中断允许。

序号19：总中断允许。

序号20：秒计数赋初值0。

序号21：秒十位送P2。

序号22：秒个位送P1。

序号23：while循环语句。

序号24：while循环开始。

序号25：if条件语句，判断按键是否按下。

序号26：如果按键按下，则执行下列语句。

序号27：延时大约10ms等待按键稳定。

序号28：if条件语句，判断按键是否按下。

序号29：如果按下，则执行下列语句。

序号30：按键计数加1。

序号31：switch开关语句，根据keycnt值不同分别执行下列case语句。

序号32：开关语句开始。

序号33：分支1。

序号34：定时器TH0赋初值。

序号35：定时器TL0赋初值。

序号36：启动定时器T0。

序号37：退出分支1语句。

序号38：分支2。

序号39：关闭定时器T0。

序号40：退出分支2。

序号41：分支3。

序号42：按键计数值回零。

序号43：秒计数值回零。

序号44：秒十位送P2。

序号45：秒个位送P1。

序号46：退出分支3。

序号47：switch开关语句结束。

序号48：等待按键松开。

序号49：序号28行if条件语句结束。

序号50：序号25行if条件语句结束。

序号51：序号23行while循环语句结束。

序号52：主函数结束。

序号53：定义定时器T0中断子函数t0。

序号54：子函数开始。

序号55：溢出计数加1。

序号56：if条件语句，判断溢出次数是否等于4000。

序号57：如果溢出次数等于4000，则执行下列语句。

序号58：溢出计数回零。

序号59：秒计数加1。

序号60：if条件语句，判断秒计数是否等于60。

序号61：如果秒计数等于60，则执行下列语句。

序号62：秒计数回零。

序号63：序号60条件语句结束。

序号64：秒十位送P2。

序号65：秒个位送P1。

序号66：序号56条件语句结束。

序号67：子函数结束。

【练习题】

把本课秒表的P3.7接一发光管，第一次按下SP_1后发光管以1s间隔闪烁，第二次按下SP_1后只发光不闪烁，第三次按下SP_1后发光管熄灭。

任务四　数字钟的编程

【任务描述】

掌握定时器T0和T1同时使用，预置初值的另一种方法及外中断0和外中断1同时使用。

【任务分析】

开机时，数字钟从显示00：00：00的时间开始计时，接在P3.2的按钮控制“分”的调整，每按1次加1min，接在P3.3的按钮控制“时”的调整，每按1次加1h。

【相关知识】

一、中断允许寄存器（IE）

中断允许寄存器结构见表3-6。

与中断有关的控制位共6位：EA、ES、ET1、ET0、EX1、EX0。前面介绍过一些，现在系统地全面介绍一下。

EA：中断总允许控制位。EA＝0，禁止总中断。EA＝1，开放总中断，随后每个中断源分别由各自允许位的置位或清除确定开放或禁止。

ES：串行中断允许控制位。ES=0，禁止串行中断。ES=1，允许串行中断。

ET1：定时/计数器T1中断允许控制位。ET1=0，禁止T1中断。ET1=1，允许T1中断。

EX1：外部中断源1中断允许控制位。EX1=0，禁止外部中断1。EX1=1，允许外部中断1。

ET0：定时/计数器T0中断允许控制位。ET0=0，禁止T0中断。ET0=1，允许T0中断。

EX0：外部中断源0中断控制位。EX0=0，禁止外部中断。EX0=1，允许外部中断。

表3-6　中断允许寄存器结构

IE	D7	D6	D5	D4	D3	D2	D1	D0
	EA	—	—	ES	ET1	EX1	ET0	EX0
位地址	AFH			ACH	ABH	AAH	A9H	A8H

二、定时/计数器控制寄存器（TCON）

定时/计数器控制寄存器结构见表3-7。

其中与中断有关的控制位有6位：IT0、IT1、IE0、IE1、TF0、TF1。

IT0：外部中断0请求方式控制位。IT0=0，为电平触发方式，低电平有效；IT0=1，为边沿触发方式，电平由高到低的负跳变有效。IT0可由软件置“1”或清“0”。

IE0：外部中断0请求标志位。CPU采样到有效中断请求时，该位由硬件置位；当CPU响应中断，转向中断服务程序时由硬件将IE0清0。

IT1：外部中断1请求控制位，和IT0类似。

IE1：外部中断1请求标志位，和IE0相同。

TF0：片内定时/计数器T0溢出中断申请标志，在启动T0计数后，定时/计数器T0从初值开始加1计数，当最高位产生溢出时，由硬件置位TF0，向CPU申请中断，CPU响应TF0中断时清除该标志位，TF0也可用软件查询后清除。

TF1：片内定时/计数器T1的溢出中断申请标志，功能和TF0类同。

表3-7　定时/计数器控制寄存器结构

D7	D6	D5	D4	D3	D2	D1	D0
TF1	TR1	TF0	TR0	IE1	IT1	IE0	IT0
				←与外部中断有关→			

【任务实施】

一、电路原理图

数字钟电路原理图如图3-6所示。

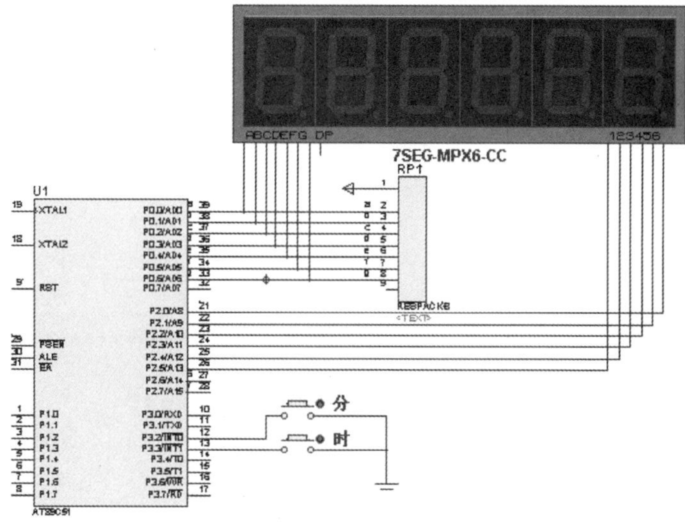

图3-6　数字钟电路原理图

二、任务实现方法

P0接上位电阻后接集成数码管的a~g，输出段码。P2.0~P2.5接数码管1~6，输出位码，轮流显示，间隔1ms。P3.2和P3.3是外中断触发按钮，分别用于调“分”和调“时”。

三、源程序

```
#include<REGX51.H>                                    //1
#define uchar unsigned char                           //2
uchar code SEG7[]={0x3f, 0x06, 0x5b, 0x4f, 0x66,      //3
          0x6d, 0x7d, 0x07, 0x7f, 0x6f};              //4
uchar ACT[]={0xfe, 0xfd, 0xfb, 0xf7, 0xef, 0xdf};     //5
uchar deda, sec, min, hour;                           //6
uchar cnt;                                            //7
/**********************************************************/
void init (void)                                      //8
{                                                     //9
TMODE=0x11;                                           //10
TH0=- (50000/256) ;                                   //11
TL0=- (50000%256) ;                                   //12
ET0=1;                                                //13
TR0=1;                                                //14
TH1=- (1000/256) ;                                    //15
TL1=- (1000%256) ;                                    //16
ET1=1;                                                //17
```

```
TR1=1;                                                    //18
EX0=1;                                                    //19
IT0=1;                                                    //20
EX1=1;                                                    //21
IT1=1;                                                    //22
EA=1;                                             //23
}                                                 //24
/*****************************************************/
void timer0（void） interrupt 1                           //25
{                                                 //26
  TH0=-（50000/256）;                             //27
  TL0=-（50000%256）;                             //28
  deda++;                                                 //29
}                                                 //30
/*****************************************************/
void timer1（void） interrupt 3                           //31
{                                                 //32
TH1=-（1000/256）;                                //33
    TL1=-（1000%256）;                                    //34
    if（cnt++>5）cnt=0;                           //35
    switch（cnt）                                         //36
    {                                                     //37
  case 0: P0=SEG7[sec%10]; P2=ACT[0]; break;              //38
  case 1: P0=SEG7[sec/10]; P2=ACT[1]; break;              //39
  case 2: P0=SEG7[min%10]; P2=ACT[2]; break;              //40
  case 3: P0=SEG7[min/10]; P2=ACT[3]; break;              //41
  case 4: P0=SEG7[hour%10]; P2=ACT[4]; break;             //42
  case 5: P0=SEG7[hour/10]; P2=ACT[5]; break;             //43
  default: break;                                         //44
}                                              //45
}                                                 //46
/*****************************************************/
void conv（void）                                         //47
{                                                    //48
  if（deda>=20）{deda=0; sec++; }                         //49
```

```
    if (sec>=60) {sec=0; min++; }                                          //50
    if (min>=60) {min=0; hour++; }                                         //51
    if (hour>=24) {hour=0; }                                               //52
}                                                                          //53
/*********************************************************/
void main (void)                                                           //54
{                                                                          //55
    init () ;                                                              //56
    while (1)                                                              //57
    {                                                                      //58
     conv () ;                                                             //59
    }                                                                      //60
}                                                                          //61
//*********************************************************
void int0 (void)  interrupt 0                                              //62
{                                                                          //63
     min++;                                                                //64
    if (min==60) min=0;                                                    //65
 }                                                                         //66
//*********************************************************
void int1 (void)  interrupt 2                                              //67
{                                                                          //68
    hour++;                                                                //69
    if (hour==24) hour=0;                                                  //70
}                                                                          //71
```

四、程序详解

序号1：包含文件REGX51.H。

序号2：数据类型的宏定义。

序号3~4：数码管0~9的字形码。

序号5：数码管的位选码。

序号6：数字钟相关变量定义。

序号7：旋转计数器变量定义。用于刷新数码管。

序号8：定义函数名为init的初始化子函数。

序号9：init子函数开始。

序号10：定时器T0、T1方式1。

序号11~12：T0定时初值约为50ms。

序号13：允许T0中断。

序号14：启动T0。

序号15~16：T1定时初值约为1ms。

序号17：允许T1中断。

序号18：启动T1。

序号19：允许外部中断0。

序号20：设定外部中断0为边沿触发方式。

序号21：允许外部中断1。

序号22：设定外部中断1为边沿触发方式。

序号23：开总中断。

序号24：init函数结束。

序号25：定义函数名为timer0的T0中断服务函数，使用默认的寄存器组。

序号26：timer0中断函数开始。

序号27~28：重装50ms定时初值。

序号29：计时器deda递增。

序号30：T0中断服务函数结束。

序号31：定义函数名为timer1的T1中断函数，使用默认的寄存器组。

序号32：timer1中断函数开始。

序号33~34：重装1ms定时初值。

序号35：旋转计数器变量cnt范围0~5。

序号36：switch语句。

序号37：switch语句开始。

序号38~43：分别点亮6个数码管。

序号44：一项也不符合则退出。

序号45：switch语句结束。

序号46：T1中断服务函数结束。

序号47：定义函数名为conv的子函数。

序号48：conv子函数开始。

序号49：计秒。

序号50：计分。

序号51：计时。

序号52：如果hour=24h，则hour=0。从头再来。

序号53：conv子函数结束。

序号54：主函数。

序号55：主函数开始。

序号56：调用init初始化子函数。

序号57：无限循环。

序号58：无限循环语句开始。

序号59：调用conv子函数。

序号60：无限循环语句结束。

序号61：主函数结束。

序号62：定义名字为int0外部中断服务子函数，使用默认寄存器组。

序号63：int0子函数开始。

序号64：“分”递增。

序号65：“分”的范围0~59。

序号66：int0子函数结束。

序号67：定义名字为int1外部中断服务子函数，使用默认寄存器组。

序号68：int1子函数开始。

序号69：“时”递增。

序号70：“时”的范围是0~23。

序号71：int1子函数结束。

【练习题】

把本课数字钟改为定时器工作方式2模式。

任务五　“嘀、嘀……”报警声的编程

【任务描述】

掌握方波的产生及控制同一定时器实现两种时间控制。

【任务分析】

用AT89C51单片机产生“嘀、嘀……”报警声，从P1.0端口输出，产生频率为1000Hz。

【任务实施】

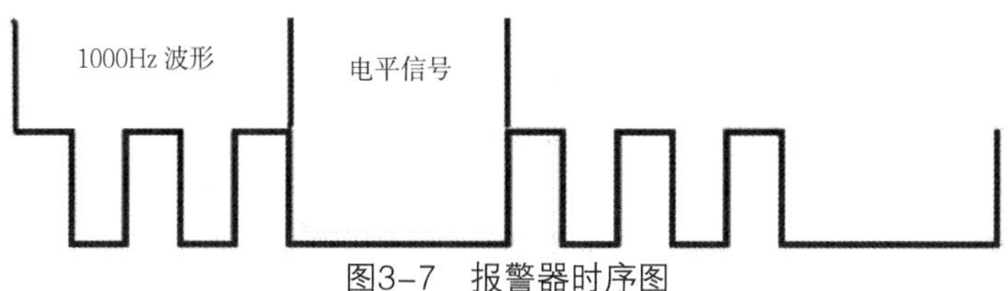

图3-7　报警器时序图

根据图3-7可知：1000Hz方波从P1.0输出0.2s，接着0.2s从P1.0输出电平信号，如此循环下去，就形成我们所需的报警声了。

一、电路原理图

报警器电路原理图如图3-8所示。

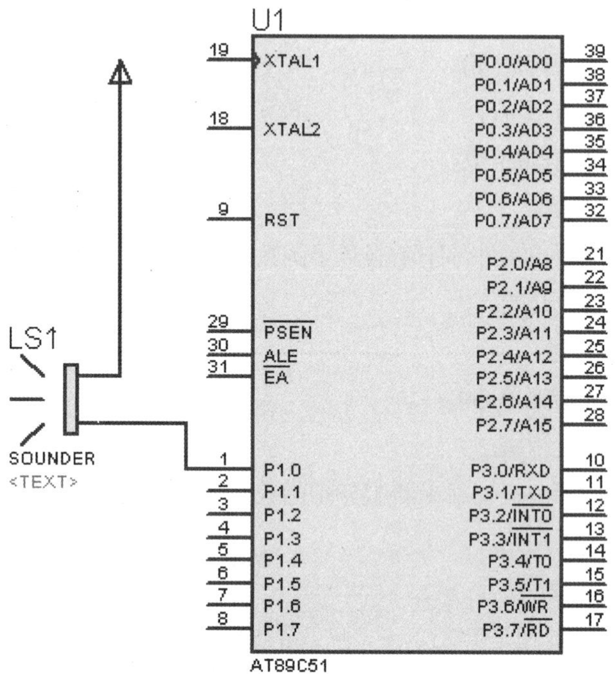

图3-8　报警器电路原理图

二、任务实现方法

我们把上面的信号分成两部分：一部分为1000Hz方波，占用时间为0.2s；另一部分为电平，也是占用0.2s。因此，我们利用单片机的定时/计数器T0作为定时，可以定时0.2s,同时，也要用单片机产生1000Hz的方波，对于1000Hz的方波信号周期为1ms，高电平占用0.5ms，低电平占用0.5ms，因此也采用定时器T0来完成0.5ms的定时，最后，可以选定定时/计数器T0的定时时间为0.5ms，而要定时0.2s则是0.5ms的400倍，也就是说以0.5ms定时400次就达到0.2s的定时时间了。

三、 源程序

```
#include <REGX51.H>                                //1
#define uint unsigned int                          //2
uint t05ms;                                        //3
bit flag;                                          //4
/*****************************************************/
void main（void）                                  //5
{                                                  //6
 TMOD=0x01;                                        //7
 TH0=（65536-500）/256;                            //8
```

```
 TL0=（65536-500）%256;                       //9
 TR0=1;                                       //10
 ET0=1;                                       //11
 EA=1;                                        //12
 while（1）;                                  //13
}                                             //14
/****************************************************/
void timer0（void） interrupt 1               //15
{                                             //16
 TH0=（65536-500）/256;                       //17
 TL0=（65536-500）%256;                       //18
 t05ms++;                                     //19
 if（t05ms==400）                             //20
       {                                      //21
          t05ms=0;                            //22
          flag=~flag;                         //23
       }                                      //24
    if（flag==0）                             //25
       {                                      //26
         P1_0=~P1_0;                          //27
       }                                      //28
}                                             //29
```

四、程序详解

序号1：包含文件RGEX51.H。

序号2：宏定义。

序号3：定义整型变量t0为5ms。

序号4：定义位标量flag。

序号5：定义主函数。

序号6：主函数开始。

序号7：定时器T0，工作方式1。

序号8~9：对T0赋初值，产生0.5ms。

序号10：启动定时器T0。

序号11：定时器T0中断允许。

序号12：开总中断。

序号13：动态停机。

序号14：主函数结束。

序号15：定义名字为timer0的中断子函数。

序号16：子函数开始。

序号17~18：重装初值。

序号19：t0.5ms递增。

序号20：判断语句，如果t05ms等于400，则执行下列语句，0.2s。

序号21：开始执行。

序号22：t05ms回零。

序号23：取反标志位。

序号24：执行结束。

序号25~28：如果标志位等于0，则取反P1.0端口，1000Hz方波。

序号29：中断子函数结束。

【练习题】

把本课实验改成声音响时发光管同时发光。

任务六 "叮咚"门铃的编程

【任务描述】

掌握单片机定时/计数器T0来产生两种频率的控制。

【任务分析】

当按下开关SP_1，AT89C51单片机产生"叮咚"声从P1.0端口输出。

【任务实施】

一、电路原理图

"叮咚"门铃电路原理图如图3-9所示。

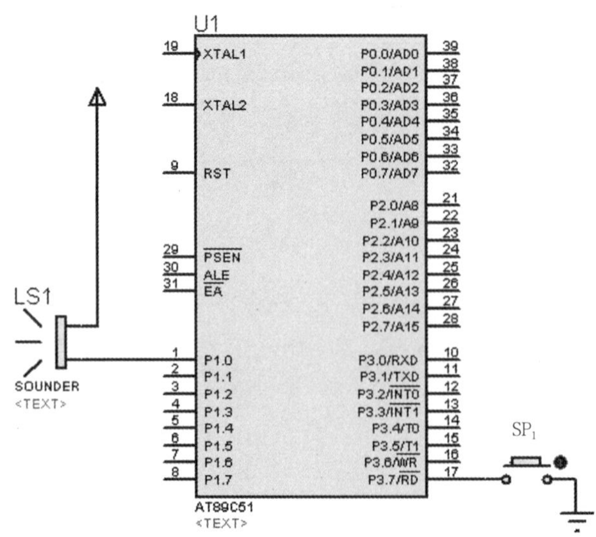

图3-9 "叮咚"门铃电路原理图

二、任务实现方法

（1）我们用单片机定时/计数器T0来产生700Hz和500Hz的频率，工作模式方式2，基准定时时间250μs，因此，700Hz的频率要经过3次250μs的定时，而500Hz的频率要经过4次250μs的定时。

（2）只有当按下SP_1之后，T0才开始工作，当T0工作完毕，回到最初状态。

（3）“叮”和“咚”的声音各占用0.5s，因此定时/计数器T0要完成0.5s的定时，对于以250μs为基准，需定时2000次才可以。

“叮咚”门铃时序图如图3-10所示。

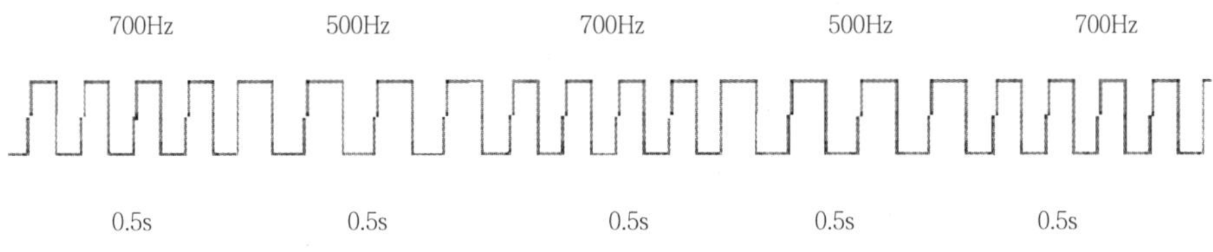

图3-10　“叮咚”门铃时序图

三、源程序

```
#include <REGX51.H>                                  //1
#define uchar unsigned char                          //2
#define uint unsigned int                            //3
uchar t5hz;                                          //4
uchar t7hz;                                          //5
uint tcnt;                                           //6
bit stop;                                            //7
bit flag;                                            //8
/**************************************************/
void init（void）                                    //9
{                                                    //10
 TMOD=0x02;                                          //11
 TH0=0x06;                                           //12
 TL0=0x06;                                           //13
 ET0=1;                                              //14
 EA=1;                                               //15
}                                                    //16
/**************************************************/
void main（void）                                    //17
```

```
{                                                          //18
 uchar i, j;                                          //19
 init () ;                                            //20
 while (1)                                            //21
   {                                                  //22
     if (P3_7==0)                                     //23
        {                                                  //24
        for (i=10; i>0; i--)                          //25
        for (j=248; j>0; j--) ;                       //26
       if (P3_7==0)                                   //27
          {                                           //28
           t5hz=0;                                    //29
           t7hz=0;                                    //30
           tcnt=0;                                    //31
           flag=0;                                    //32
           stop=0;                                    //33
           TR0=1;                                     //34
            while (stop==0) ;                         //35
         }                                            //36
     }                                                     //37
  }                                                   //38
}                                                     //39
/************************************************ /40
void timer0 (void)  interrupt 1                       //41
{                                                     //42
 tcnt++;                                              //43
 if (tcnt==2000)                                           //44
   {                                                  //45
    tcnt=0;                                           //46
    if (flag==0)                                      //47
      {                                                    //48
       flag=~flag;                                    //49
      }                                                    //50
      else                                            //51
       {                                              //52
```

```
            stop=1;                                   //53
            TR0=0;                                    //54
          }                                           //55
    }                                                 //56
  if (flag==0)                                        //57
     {                                                //58
       t7hz++;                                        //59
       if (t7hz==3)                                   //60
          {                                                //61
           t7hz=0;                                    //62
           P1_0=~P1_0;                                //63
         }                                                 //64
    }                                                 //65
   else                                               //66
      {                                               //67
        t5hz++;                                       //68
         if (t5hz==4)                                 //69
            {                                         //70
            t5hz=0;                                   //71
            P1_0=~P1_0;                                    //72
           }                                          //73
      }                                               //74
}                                                     //75
```

四、程序详解

序号1：包含头文件REGX51.H。

序号2~3：数据类型的宏定义。

序号4-5：定义变量t5hz和t7hz。

序号6：定义变量tcnt用来计数溢出次数。

序号7~8：定义两个位标量。

序号9~16：定义函数名为init的初始化子函数。定时器T0工作方式2。

序号17：定义主函数。

序号18：主函数开始。

序号19：定义两个变量i、j。

序号20：调用初始化子函数。

序号21：无限循环。

序号22：无限循环开始。

序号23：判断按键是否按下。

序号24：按键按下执行下列语句。

序号25~26：延时，等待按键稳定。

序号27：判断语句。

序号28~33：变量t5hz、t7hz、tcnt、stop、flag全部置0。

序号34：启动计时器。

序号35：动态停机。

序号36：序号27语句结束。

序号37：序号23语句结束。

序号38：序号22语句结束。

序号39：主函数结束。

序号40：程序分隔符。

序号41：定时器T0中断服务子函数。

序号42：子函数开始。

序号43：溢出次数递增。

序号44：如果溢出次数等于2000，则执行下列语句。

序号45~46：tcnt回零。

序号47~50：如果flag=0，则取反flag。

序号51~55：否则stop=1，TR0=0关闭定时器。

序号56：序号44判断语句结束。

序号57~65：如果flag=0，则在P1.0端口输出700Hz方波信号。

序号66~74：否则在P1.0端口输出500Hz方波信号。

序号75：中断服务子函数结束。

【练习题】

把实验改成发“叮”声时红灯亮，发“咚”时绿灯亮，各占0.5s。

任务七　单片机唱歌的编程

【任务描述】

掌握头文件SoundPlay.h的使用及音乐编码软件MusicEncode.exe的使用。

【任务分析】

在AT89C51的P3.7脚接一个喇叭，编程使喇叭唱歌。

【相关知识】

一、头文件SoundPlay.h

头文件SoundPlay.h中包含了音符的高低、长短、演奏的速度等，因此我们要想让单片机唱歌就必须引用它。这个头文件不是C51自带的，而是音乐爱好者自编的。我们要经常上网收集一些类似的对我们有用的小工具。

二、音乐编码软件MusicEncode.exe

有了这个软件，使用者只要把乐谱输进去，它就会自动生成C语言音乐程序，非常方便。图3-11所示是它的界面。

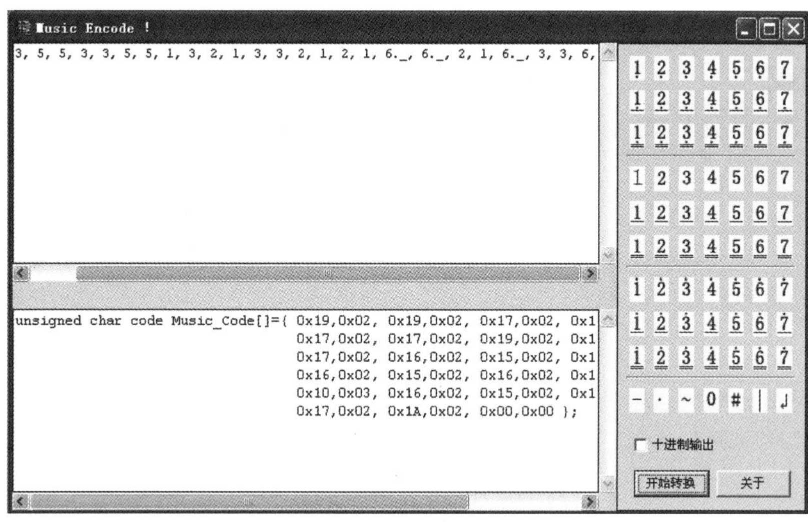

图3-11　音乐编码软件

【任务实施】

一、电路原理图

单片机音乐电路原理图如图3-12所示。

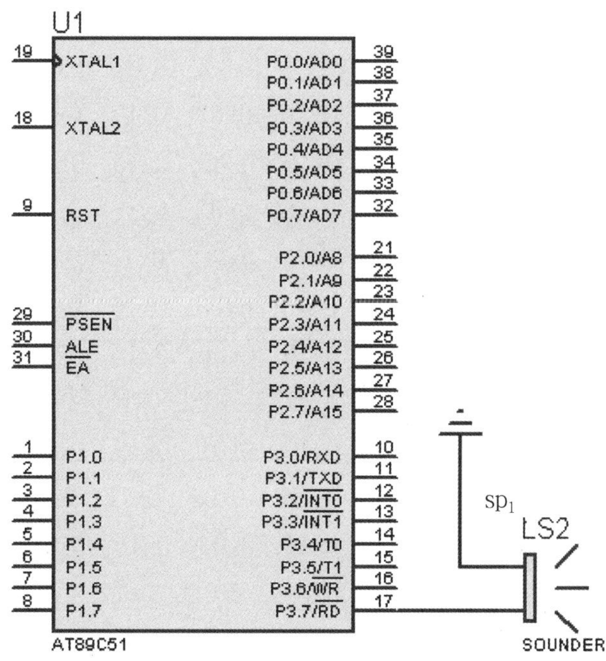

图3-12　单片机音乐电路原理图

二、任务实现方法

使用MusicEncode.exe软件生成C语言程序代码，导入源程序中。

三、源程序

```
#include <REGX51.H>
#include "SoundPlay.h"          //包含头文件
//***************************Music*************************
//两只蝴蝶
unsigned char code Music_Two[] ={ 0x17, 0x03, 0x16, 0x03, 0x17,
                                  0x01, 0x16, 0x03, 0x17, 0x03,
                                        0x16, 0x03, 0x15, 0x01, 0x10,
                                  0x03, 0x15, 0x03, 0x16, 0x02,
                                        0x16, 0x0D, 0x17, 0x03, 0x16,
                                  0x03, 0x15, 0x03, 0x10, 0x03,
                                        0x10, 0x0E, 0x15, 0x04, 0x0F,
                                  0x01, 0x17, 0x03, 0x16, 0x03,
                                        0x17, 0x01, 0x16, 0x03, 0x17,
                                  0x03, 0x16, 0x03, 0x15, 0x01,
                                        0x10, 0x03, 0x15, 0x03, 0x16,
                                  0x02, 0x16, 0x0D, 0x17, 0x03,
                                        0x16, 0x03, 0x15, 0x03, 0x10,
                                  0x03, 0x15, 0x03, 0x16, 0x01,
                                        0x17, 0x03, 0x16, 0x03, 0x17,
                                  0x01, 0x16, 0x03, 0x17, 0x03,
                                        0x16, 0x03, 0x15, 0x1, 0x10,
                                  0x03, 0x15, 0x03, 0x16, 0x02,
                                        0x16, 0x0D, 0x17, 0x03,  0x16,
                                  0x03, 0x15, 0x03, 0x10, 0x03,
                                        0x10, 0x0E, 0x15, 0x04, 0x0F,
                                  0x01,  0x17, 0x03, 0x19, 0x03,
                                        0x19, 0x01, 0x19, 0x03, 0x1A,
                                  0x03,  0x19, 0x03, 0x17, 0x01,
                                        0x16, 0x03, 0x16, 0x03, 0x16,
                                  0x02,  0x16, 0x0D, 0x17, 0x03,
                                        0x16, 0x03, 0x15, 0x03, 0x10,
                                  0x03, 0x10, 0x0D, 0x15, 0x00,
```

0x19, 0x03, 0x19, 0x03, 0x1A,
0x03, 0x1F, 0x03, 0x1B, 0x03,
0x1B, 0x03, 0x1A, 0x03, 0x17,
0x0D, 0x16, 0x03, 0x16, 0x03,
0x16, 0x0D, 0x17, 0x01, 0x17,
0x03, 0x17, 0x03, 0x19, 0x03,
0x1A, 0x02, 0x1A, 0x02, 0x10,
0x03, 0x17, 0x0D, 0x16, 0x03,
0x16, 0x01, 0x17, 0x03, 0x19,
0x03, 0x19, 0x03, 0x17, 0x03,
0x19, 0x02, 0x1F, 0x02, 0x1B,
0x03, 0x1A, 0x03, 0x1A, 0x0E,
0x1B, 0x04, 0x17, 0x02, 0x1A,
0x03, 0x1A, 0x03, 0x1A, 0x0E,
0x1B, 0x04, 0x1A, 0x03, 0x19,
0x03, 0x17, 0x03, 0x16, 0x03,
0x17, 0x0D, 0x16, 0x03, 0x17,
0x03, 0x19, 0x01, 0x19, 0x03,
0x19, 0x03, 0x1A, 0x03, 0x1F,
0x03, 0x1B, 0x03, 0x1B, 0x03,
0x1A, 0x03, 0x17, 0x0D, 0x16,
0x03, 0x16, 0x03, 0x16, 0x03,
0x17, 0x01, 0x17, 0x03, 0x17,
0x03, 0x19, 0x03, 0x1A, 0x02,
0x1A, 0x02, 0x10, 0x03, 0x17,
0x0D, 0x16, 0x03, 0x16, 0x01,
0x17, 0x03, 0x19, 0x03, 0x19,
0x03, 0x17, 0x03, 0x19, 0x03,
0x1F, 0x02, 0x1B, 0x03, 0x1A,
0x03, 0x1A, 0x0E, 0x1B, 0x04,
0x17, 0x02, 0x1A, 0x03, 0x1A,
0x03, 0x1A, 0x0E, 0x1B, 0x04,
0x17, 0x16, 0x1A, 0x03, 0x1A,
0x03, 0x1A, 0x0E, 0x1B, 0x04,
0x1A, 0x03, 0x19, 0x03, 0x17,

```
                    0x03, 0x16, 0x03, 0x0F, 0x02,
                        0x10, 0x03, 0x15, 0x00, 0x00, 0x00};
//*************************************************************
void main（void）
{
   InitialSound（）;                         //头文件SoundPlay.h中包含的函数
   Play（Music_Two, 0, 3, 360）;             //同上
}
```

四、程序详解

程序比较简单，请大家自行分析。

【练习题】

把自己喜欢的歌曲编程，用单片机播放出来。

任务八　直流电机正、反转的编程

【任务描述】

掌握直流电动机的工作原理及能独立让直流电动机按照下达的指令工作。

【任务分析】

使直流电动机按照下达的指令工作，具体要求：按下S_1时，电动机正转；按下S_2时，电动机反转；按下S_3时，电动机停止转动。

【相关知识】

直流电动机由定子和转子两大部分组成。定子上有磁极（绕组式或记磁式），转子上有绕组。通电后转子上形成磁场（磁极），定子和转子磁极之间形成一个夹角，在定、转子磁场（N极和S极之间）的相互吸引下电动机开始旋转。改变电刷位置就可以改变定、转子磁极夹角方向，从而改变电动机旋转方向。

【任务实施】

一、电路原理图

直流电机正、反转电路原理图如图3-13所示。

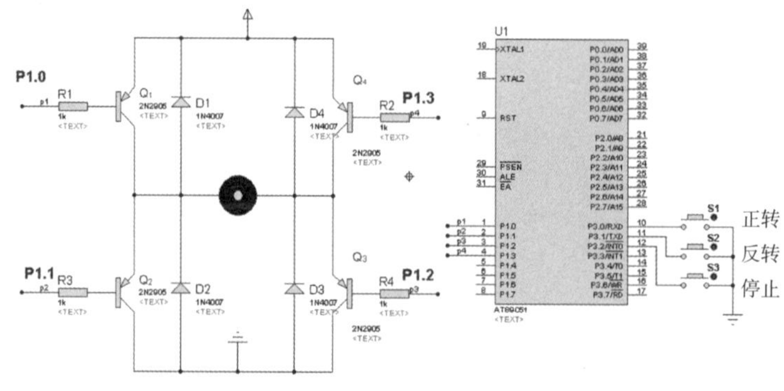

图3-13　直流电机正、反转电路原理图

二、任务实现方法

直流电动机控制原理：

如图3-13所示，当P1.0、P1.2为低电平且P1.1、P1.3为高电平时，三极管Q_1、Q_3导通，Q_2、Q_4截止，电流从电动机“+”流进，“−”流出，电动机正转；当P1.1、P1.3为高电平且P1.0、P1.2为低电平时，三极管Q_1、Q_3截止，Q_2、Q_4导通，电流从电动机“−”流进，“+”流出，电动机反转；当P1.0、P1.1、P1.2、P1.3均为高电平时，三极管Q_1、Q_2、Q_3、Q_4均截止，电动机无电流通过而停止转动。

三、源程序

```
#include<REGX51.H>
#define uchar unsigned char                                  //2
#define uint unsigned int                                    //3
sbit S1=P3^0;
sbit S2=P3^1;
sbit S3=P3^2;                                                //定义3个开关
/*******************************************************/
void delay（void）                                           //延时子函数
{
 uint i，j；
 for（i=0；i<10；i++）
 for（j=0；j<121；j++）；
}
/*****************************************************/
void main（）                                                //主函数
{
   while（1）
   {
      if（!S1）                                              //正转
      {
         delay（）；                                         //延时10ms等待按键稳定
         if（!S1）
         {
            P1_0=1;
            P1_2=1;
            P1_1=0;
            P1_3=0;
```

```
        }
    while (!S1) ;                              //等待按键松开
    delay () ;
    }
//-----------------------------------
     if (!S2)                                  //反转
     {
        delay () ;
        if (!S2)
        {
            P1_0=0;
            P1_2=0;
            P1_1=1;
            P1_3=1;
        }
      while (!S2) ;
      delay () ;
      }
//-----------------------------------
      if (!S3)                                 //停止
      {
         delay () ;
         if (!S3)
         {
            P1=0xff;
         }
      while (!S3) ;
      delay () ;
      }
  }
}
```

四、程序详解

由于程序比较简单，请大家自行分析。

【练习题】

用定时器控制电动机，让它正转30s、再反转30s，循环往复，模仿洗衣机的工作模式。

任务九　让步进电机转起来的编程

【任务描述】

了解步进电机的工作原理及能独立地使步进电机转动起来。

【任务分析】

单片机AT89C51的P1.0~P1.2接3个按钮，分别控制步进电动机的正转、反转和停止。P2.0~P2.3接电动机A、B、C、D四相绕组。

【相关知识】

步进电机是纯数字控制的电动机，步进电机按其工作原理来分主要有磁电式和反应式两大类，反应式步进电动机具有力矩/惯性比高、步进频率高、频率响应快、不通电时可自由转动、结构简单和寿命长等特点，非常适合用单片机进行控制。下面就以反应式步进电动机为例对其进行介绍。

图3-14所示为四相反应式步进电动机的步进过程图。在电动机的定子上有A、B、C、D4对磁极，每对磁极上绕有一相控制绕组，转子有6个分布均匀的齿，齿上没有绕组。

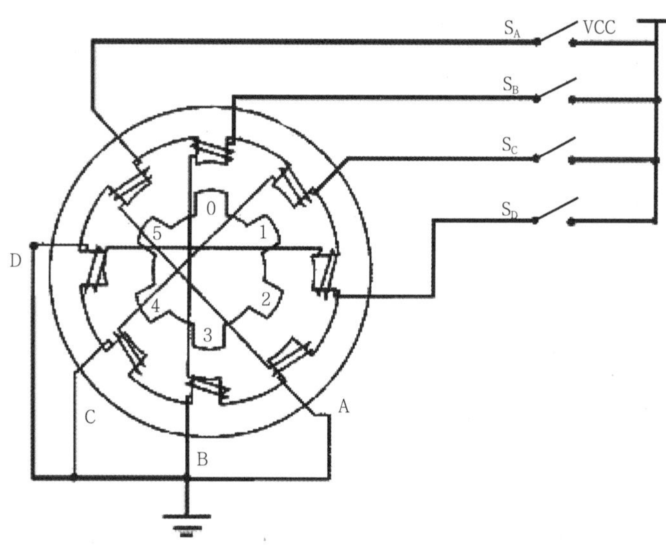

图3-14　步进过程图

步进电动机的工作原理是当A相控制绕组通电，而B相、C相和D相不通电时，转子的齿会受到磁场的吸引而旋转到A相绕组轴线上；之后B相通电而A、C、D相不通电，转子就旋转到B相绕组轴线上，依此类推A相→B相→C相→D相→A相轮流通电，转子就不停地旋转。

【任务实施】

一、电路原理图

步进电机电路原理图如图3-15所示。

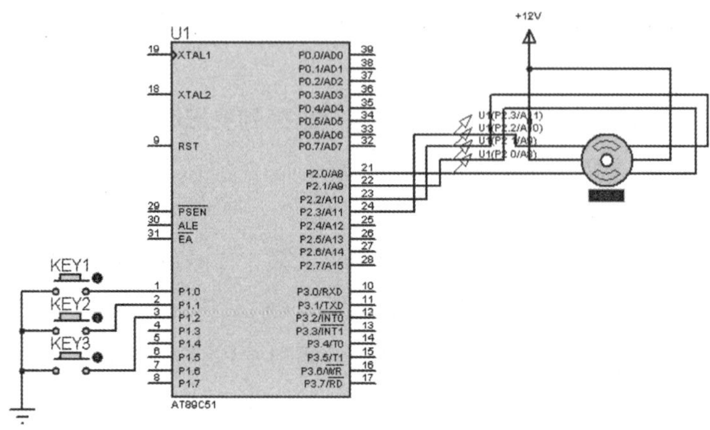

图3-15　步进电机电路原理图

二、任务实现方法

本任务采用四相步进电动机，其A、B、C、D相分别受控于单片机P2.0、P2.1、P2.2、P2.3脚。因步进电动机的负载转矩与速度成反比，即速度越快，负载转矩越小，当速度快至极限时，步进电动机将不再运转。程序启动后，单片机P2口依次输出低电平并分别延时（延时时间约为4ms），不断循环即可使步进电机转动起来。

三、源程序

```
#include <REG51.H>
#define uchar unsigned char
#define uint unsigned int


sbit p10=P1^0;
sbit p11=P1^1;
sbit p12=P1^2;


#define  UP  20
#define  DOWN  30
#define  STOP  40
/*********************************************/
void delay（void）//延时程序
{
   uint i，j;
   for（i=0; i<10; i++）
```

```
        for（j=0；j<121；j++）；
}
/*********************************************/
void main（）
{
    uchar temp;
    while（1）
    {
        if（p10==0）
        {
            temp=UP；//控制正转
            P2=0x00;
            delay（）；
        }
        if（p11==0）
        {
            temp=DOWN；//控制反转
            P2=0x00;
            delay（）；
        }
        if（p12==0）
        {
            temp=STOP；//控制停止
        }
        switch（temp）
        {
        case DOWN： P2=0x01；//控制反转 //0011
                    delay（）；
                    delay（）；
                    P2=0x02；//0110
                    delay（）；
                    delay（）；
                    P2=0x04；//1100
                    delay（）；
                    delay（）；
```

```
                P2=0x08; //1001
                delay () ;
                delay () ;
                break;
            case UP: P2=0x08; //控制正转
                delay () ;
                delay () ;
                P2=0x04;
                delay () ;
                delay () ;
                P2=0x02;
                delay () ;
                delay () ;
                P2=0x01;
                delay () ;
                delay () ;
                break;
            case STOP: //控制停止
                P2=0x00;
                delay () ;
                delay () ;
                break;
            }
        }
    }
```

四、程序详解

由于程序比较简单，请大家自行分析。

【练习题】

用单片机控制步进电动机的步进角。要求：开机步进电动机停止转动，按下S_1时，步进电动机正转90°；按下S_2时，步进电动机反转180°；按下S_3时，电动机正转720°。

任务十　4×4矩阵式键盘识别技术的编程

【任务描述】

掌握矩阵式键盘的识别方法。

【任务分析】

用AT89C51的并行口P1接4×4矩阵键盘，以P1.0~P1.3做行输入线，以P1.4~P1.7做列输出线，在数码管上显示每个按键的“0~F”序号。

【相关知识】

一、独立式键盘

独立式键盘是指将每个按键按一对一的方式直接连接到I/O输入线所构成的键盘。键盘接口中使用多少根I/O线，键盘中就有多少个按键。这种类型的键盘，键盘的按键比较少，且键盘中各个按键在工作时互不干扰。键盘结构简单，识别容易。

独立式键盘的缺点是需要占用较多的I/O口线。当单片机应用系统中需要的按键比较少或I/O口线比较富余时，可以采用这种类型的键盘。

二、矩阵式键盘

矩阵式键盘适用于按键较多的场合，它由行线和列线组成，按键位于行、列线的交叉点上。一个3×3的行列结构可以构成9个按键的键盘。同理一个4×4的行列结构可以构成16个按键的键盘。很明显，按键较多的场合，矩阵键盘要比独立按键键盘节约很多的I/O口。

按键位于行、列的交叉点上，行、列线分别接到按键的两端，列线通过上拉电阻接到+5V，平时无按键动作时，列线处于高电平状态，而有按键按下时，列线电平将由与此列线相连的行线电平决定。行线电平如果为低，则列线电平为低；行线电平为高，则列线电平为高。这一点是识别按键是否被按下的关键所在。

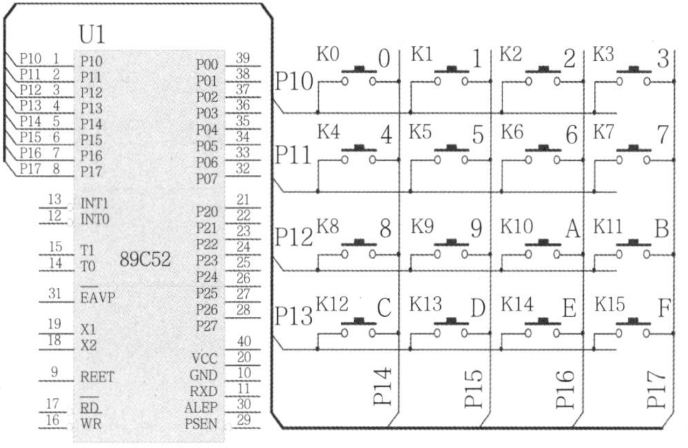

图3-16　4×4矩阵键盘原理图

【任务实施】

一、电路原理图

4×4短阵键盘识别电路原理图如图3-17所示。

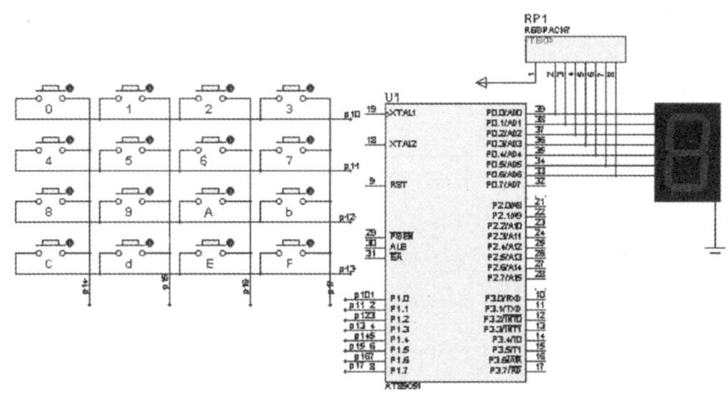

图3-17　4×4矩阵键盘识别电路原理图

二、任务实现方法

每个按键有它的行值和列值，行值和列值的组合就是识别这个按键的编码。矩阵的行线和列线分别通过接口和CPU通信。每个按键的状态同样需要变成数字量“0”和“1”，开关的一端（列线）通过电阻接VCC，而接地是通过程序输出数字“0”实现的。键盘处理程序的任务：确定有无键按下，判断哪一个键按下，键的功能是什么，还要消除按键在闭合或断开时的抖动。P1.0~P1.3输出扫描码，使按键逐行动态接地，P1.4~P1.7输入按键状态，由行扫描值和回馈信号共同形成键编码而识别按键，通过软件查表，查出该键的功能。

三、源程序

```
#include<REG52.H>
#define uint unsigned int
#define uchar unsigned char
uchar num;
void jianpan（）;
uchar code table[]={0x3f, 0x06, 0x5b, 0x4f, 0x66,
                    0x6d, 0x7d, 0x07, 0x7f, 0x6f,
                    0x77, 0x7c, 0x39, 0x5e, 0x79, 0x71};
//-------------------------------------------------
void delay（uint k）
{
   uint i, j;
   for （j=0; j<k; j++）
       for （i=0; i<120; i++）;
}
//-------------------------------------
void main（）
{
   P0=0;
   while（1）
  {
        jianpan（）;
        P0=table[num];
  }
}
//-------------------------------------------------
```

```
void jianpan（）
{
    uchar temp;
P1=0xfe;
        temp=P1;
        temp=temp&0xf0;
        if（temp!=0xf0） /*如果temp不等于0xf0，则进入while循环进行判断*/
        {
         delay（5）;
         temp=P1;
         temp=temp&0xf0;
         if（temp!=0xf0） /*两次判断，确定temp是否确实不等于0xf0，作用是防抖*/
         {
             temp=P1;
             switch（temp）
             {
                  case 0xee：num=0; break;
                  case 0xde：num=1; break;
                  case 0xbe：num=2; break;
                  case 0x7e：num=3; break;
              }
                while（temp!=0xf0）  /*检测是否松手，松手后，temp=0xfe，跳出第一
个while循环*/
                {
                    temp=P1;
                    temp=temp&0xf0;
                }
         }
    }
    P1=0xfd;
    temp=P1;
    temp=temp&0xf0;
    if（temp!=0xf0）
    {
         delay（5）;
```

```
        temp=P1;
        temp=temp&0xf0;
        if (temp!=0xf0)
        {
        temp=P1;
        switch (temp)
        {
              case 0xed: num=4; break;
              case 0xdd: num=5; break;
              case 0xbd: num=6; break;
              case 0x7d: num=7; break;
        }
           while (temp!=0xf0)
           {
              temp=P1;
              temp=temp&0xf0;
           }
        }
    }
    P1=0xfb;
    temp=P1;
    temp=temp&0xf0;
    if (temp!=0xf0)
    {
        delay (5) ;
        temp=P1;
        temp=temp&0xf0;
        if (temp!=0xf0)
        {
        temp=P1;
        switch (temp)
        {
              case 0xeb: num=8; break;
              case 0xdb: num=9; break;
              case 0xbb: num=10; break;
```

```
            case 0x7b: num=11; break;
        }
            while (temp!=0xf0)
            {
                temp=P1;
                temp=temp&0xf0;
            }
        }
    }
    P1=0xf7;
    temp=P1;
    temp=temp&0xf0;
    if (temp!=0xf0)
    {
        delay (5) ;
        temp=P1;
        temp=temp&0xf0;
        if (temp!=0xf0)
        {
            temp=P1;
        switch (temp)
        {
                case 0xe7: num=12; break;
                case 0xd7: num=13; break;
                case 0xb7: num=14; break;
                case 0x77: num=15; break;
        }
        while (temp!=0xf0)
        {
            temp=P1;
            temp=temp&0xf0;
            }
        }
    }
}
```

四、程序详解

请大家自行分析。

【练习题】

编写一个2×2矩阵式键盘，使它的每一个键对应一个发光管。

任务十一　电子琴的编程

【任务描述】

学习音阶的产生及掌握4×4键盘的使用。

【任务分析】

先由4×4组成16个按钮矩阵，设计成16个音符，再根据编程实现可随意弹奏想要的音乐。

【相关知识】

一首乐曲是由许多不同的音阶组成的，而每个音阶对应着不同的频率，这样我们就可以利用不同的频率的组合，可构成我们所想要的乐曲了。对于单片机来说，产生不同的频率非常方便，我们可以利用单片机的定时/计数器T0来产生方波频率信号。因此，我们只要把一首歌曲的音阶对应的频率关系弄正确即可。现在以单片机12MHz晶振为例，列出高、中、低音符与单片机计数器T0相关的计数值见表3-8。

表3-8　单片机计数器T0数值表

音符	频率（Hz）	简谱码（T值）	音符	频率（Hz）	简谱码（T值）
低 1 DO	262	63628	# 4 FA#	740	64860
#1 DO#	277	63731	中 5 SO	784	64898
低 2 RE	294	63835	# 5 SO#	831	64934
#2 RE#	311	63928	中 6 LA	880	64968
低 3 M	330	64021	# 6	932	64994
低 4 FA	349	64103	中 7 SI	988	65030
# 4 FA#	370	64185	高 1 DO	1046	65058
低 5 SO	392	64260	# 1 DO#	1109	65085
# 5 SO#	415	64331	高 2 RE	1175	65110
低 6 LA	440	64400	# 2 RE#	1245	65134
# 6	466	64463	高 3 M	1318	65157
低 7 SI	494	64524	高 4 FA	1397	65178
中 1 DO	523	64580	# 4 FA#	1480	65198
# 1 DO#	554	64633	高 5 SO	1568	65217
中 2 RE	587	64684	# 5 SO#	1661	65235

续表

音符	频率（Hz）	简谱码（T值）	音符	频率（Hz）	简谱码（T值）
# 2 RE#	622	64732	高 6 LA	1760	65252
中 3 M	659	64777	# 6	1865	65268
中 4 FA	698	64820	高 7 SI	1967	65283

【任务实施】

一、电路原理图

电子琴电路原理图如图3-18所示。

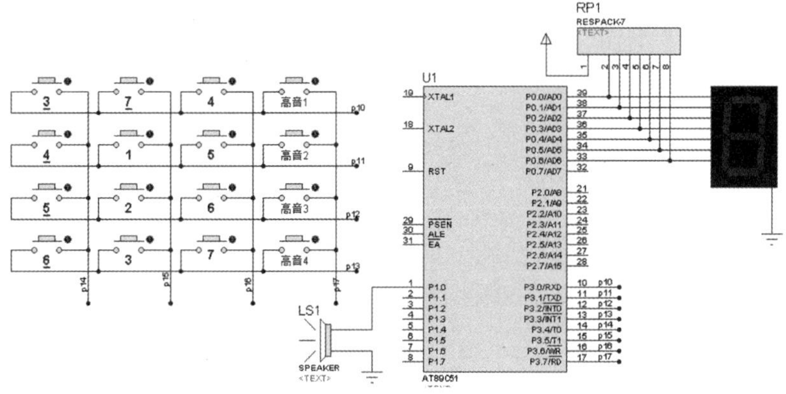

图3-18　电子琴电路原理图

二、 源程序

```
#include <AT89X51.H>
#define uchar unsigned char
#define uint unsigned int
uchar code table[]={0x4f, 0x66, 0x6d, 0x7d, //低音3~高音4字形码
                    0x07, 0x06, 0x5b, 0x4f,
                    0x66, 0x6d, 0x7d, 0x07,
                    0x06, 0x5b, 0x4f, 0x66, };
uchar temp;
uchar key;
uchar i, j;
uchar STH0;
uchar STL0;
uint code tab[]={64021, 64103, 64260, 64400,
                 64524, 64580, 64684, 64777,
                 64820, 64898, 64968, 65030,
                 65058, 65110, 65157, 65178};
//*******************************************
```

```
void delay ()
{
   uint i, j;
   for (i=0; i<5; i++)
   for (j=0; j<121; j++) ;
}
//*****************************************
void main (void)
{
   TMOD=0x01;
   ET0=1;
   EA=1;
   while (1)
     {
      P3=0xff;
      P3_4=0;
      temp=P3;
      temp=temp & 0x0f;
      if (temp!=0x0f)
        {
         delay () ;
         temp=P3;
         temp=temp & 0x0f;
         if (temp!=0x0f)
        {
         temp=P3;
         temp=temp & 0x0f;
         switch (temp)
           {
            case 0x0e:   key=0;   break;
            case 0x0d:   key=1;   break;
           case 0x0b:   key=2;   break;
           case 0x07:   key=3;   break;
           }
        temp=P3;
```

```
        P1_0=~P1_0;
        P0=table[key];
        STH0=tab[key]/256;
        STL0=tab[key]%256;
        TR0=1;
        temp=temp & 0x0f;
        while（temp!=0x0f）
          {
            temp=P3;
            temp=temp & 0x0f;
          }
        TR0=0;
      }
    }

  P3=0xff;
  P3_5=0;
  temp=P3;
  temp=temp & 0x0f;
  if （temp!=0x0f）
    {
     delay（）；
     temp=P3;
     temp=temp & 0x0f;
     if （temp!=0x0f）
       {
         temp=P3;
         temp=temp & 0x0f;
         switch（temp）
           {
             case 0x0e：   key=4;    break;
             case 0x0d：   key=5;    break;
             case 0x0b：   key=6;    break;
             case 0x07：   key=7;    break;
           }
```

```
            temp=P3;
            P1_0=~P1_0;
            P0=table[key];
            STH0=tab[key]/256;
            STL0=tab[key]%256;
            TR0=1;
            temp=temp & 0x0f;
            while (temp!=0x0f)
              {
               temp=P3;
               temp=temp & 0x0f;
              }
               TR0=0;
          }
      }

      P3=0xff;
      P3_6=0;
      temp=P3;
      temp=temp & 0x0f;
      if (temp!=0x0f)
        {
          delay () ;
          temp=P3;
          temp=temp & 0x0f;
          if (temp!=0x0f)
            {
              temp=P3;
              temp=temp & 0x0f;
              switch (temp)
                {
                 case 0x0e:   key=8;   break;
                 case 0x0d:   key=9;   break;
                 case 0x0b:   key=10;  break;
                 case 0x07:   key=11;  break;
```

```
            }
           temp=P3;
           P1_0=~P1_0;
           P0=table[key];
           STH0=tab[key]/256;
           STL0=tab[key]%256;
           TR0=1;
           temp=temp & 0x0f;
           while（temp!=0x0f)
             {
              temp=P3;
              temp=temp & 0x0f;
             }
          TR0=0;
       }
 }

P3=0xff;
P3_7=0;
temp=P3;
temp=temp & 0x0f;
if （temp!=0x0f)
 {
   delay（）;
   temp=P3;
   temp=temp & 0x0f;
   if（temp!=0x0f)
     {
       temp=P3;
       temp=temp & 0x0f;
       switch（temp)
         {
          case 0x0e:    key=12;    break;
          case 0x0d:    key=13;    break;
          case 0x0b:    key=14;    break;
```

```
                case 0x07:    key=15;    break;
              }
            temp=P3;
            P1_0=~P1_0;
            P0=table[key];
            STH0=tab[key]/256;
            STL0=tab[key]%256;
            TR0=1;
            temp=temp & 0x0f;
            while (temp!=0x0f)
              {
                temp=P3;
                temp=temp & 0x0f;
              }
            TR0=0;
          }
        }
      }
    }
    //******************************************
    void t0 (void)  interrupt 1 using 0
    {
     TH0=STH0;
     TL0=STL0;
     P1_0=~P1_0;
    }
```

三、程序详解

请大家自行分析。

【练习题】

制作一个能够自动演奏的电子琴，演奏《生日快乐》。

任务十二　定时中断方式的键盘识别技术编程

【任务描述】

掌握定时中断方式的键盘识别。

【任务分析】

使用中断方式完成对矩阵键盘的识别，对应按键显示在数码管上。

【相关知识】

上一课是将按键扫描子程序嵌入到程序的主循环之中，如果程序处理的事情较多时，会因CPU在忙于处理其他事情而延误或遗漏了对键盘输入的反应。这一课我们使用定时中断键盘输入，只要定时时间足够短（几十毫秒），就不会因CPU在忙于处理其他事情而延误或遗漏了对键盘输入的反应。这种扫描方式对键盘输入的实时响应较好。

【任务实施】

一、电路原理图

4×4矩阵键盘识别电路原理图如图3-19所示。

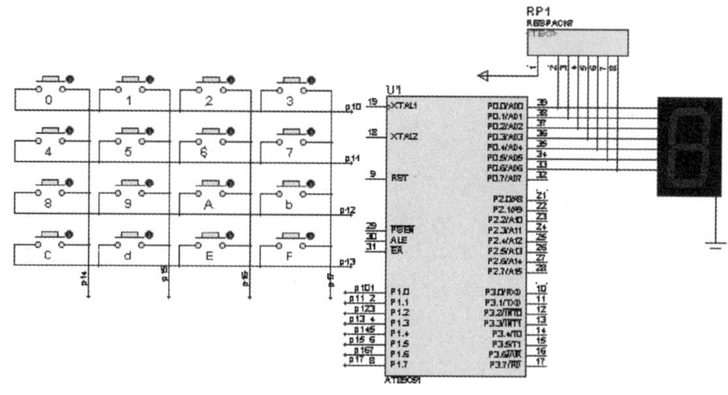

图3-19　4×4矩阵键盘识别电路原理图

二、任务实现方法

使用定时器T0实现本任务，先进行初始化，工作方式1，定时时间50ms。

三、源程序

```
#include<AT89X52.H>
#define uint unsigned int
#define uchar unsigned char
uchar num;
uchar code table[]={0x3f, 0x06, 0x5b, 0x4f, 0x66,
                    0x6d, 0x7d, 0x07, 0x7f, 0x6f,
                    0x77, 0x7c, 0x39, 0x5e, 0x79, 0x71};
//-------------------------------
void delay（uint k）
{
   uint i, j;
   for（j=0; j<k; j++）
   for（i=0; i<120; i++）;
```

```
}
//-------------------------------
void init（void）
{
    TMOD=1;
    TH0=-（50000/256）；
    TL0=-（50000%256）；
    ET0=1;
    TR0=1;
    EA=1;
}
//------------------------------
void main（）
{
    P0=0;
    init（）；
    while（1）
  {
            P0=table[num];
    }
}
//--------------------------------
void timer0（void） interrupt 1
{
   uchar temp;
   TH0=-（50000/256）；
   TL0=-（50000%256）；
   P1=0xfe;
   temp=P1;
   temp=temp&0xf0;
   if（temp!=0xf0） /*如果temp不等于0xf0，则进入while循环进行判断*/
   {
        delay（5）；
        temp=P1;
        temp=temp&0xf0;
```

```
    if（temp!=0xf0）  /*两次判断，确定temp是否确实不等于0xf0，作用是防抖*/
    {
        temp=P1;
        switch（temp）
        {
            case 0xee：num=0；break;
            case 0xde：num=1；break;
            case 0xbe：num=2；break;
            case 0x7e：num=3；break;
        }
        while（temp!=0xf0）    /*检测是否松手，松手后，temp=0xfe，跳出第一个
while循环*/
        {
            temp=P1;
            temp=temp&0xf0;
        }
    }
  }
  P1=0xfd;
  temp=P1;
  temp=temp&0xf0;
  if（temp!=0xf0）
  {
    delay（5）；
    temp=P1;
    temp=temp&0xf0;
    if（temp!=0xf0）
    {
    temp=P1;
    switch（temp）
    {
            case 0xed：num=4；break;
            case 0xdd：num=5；break;
            case 0xbd：num=6；break;
            case 0x7d：num=7；break;
```

```
        }
            while（temp!=0xf0）
            {
                temp=P1;
                temp=temp&0xf0;
            }
        }
    }
    P1=0xfb;
    temp=P1;
    temp=temp&0xf0;
    if（temp!=0xf0）
    {
        delay（5）;
        temp=P1;
        temp=temp&0xf0;
        if（temp!=0xf0）
        {
            temp=P1;
            switch（temp）
            {
                case 0xeb：num=8；break;
                case 0xdb：num=9；break;
                case 0xbb：num=10；break;
                case 0x7b：num=11；break;
            }
            while（temp!=0xf0）
            {
                temp=P1;
                temp=temp&0xf0;
            }
        }
    }
    P1=0xf7;
    temp=P1;
```

```
    temp=temp&0xf0;
    if (temp!=0xf0)
    {
        delay (5) ;
        temp=P1;
        temp=temp&0xf0;
        if (temp!=0xf0)
        {
            temp=P1;
         switch (temp)
         {
                case 0xe7: num=12; break;
                case 0xd7: num=13; break;
                case 0xb7: num=14; break;
                case 0x77: num=15; break;
            }
            while (temp!=0xf0)
            {
                temp=P1;
                temp=temp&0xf0;
            }
        }
    }
}
```

四、程序详解

请大家自行分析。

【练习题】

使用中断法编写3×3键盘矩阵，每个按键在数码管上对应显示。

任务十三　八路抢答器的编程

【任务描述】

掌握八路抢答器的实现方法。

【任务分析】

根据设计原理，编程实现抢答功能。

【任务实施】

制作一个八路抢答器。

一、电路原理图：

八路抢答器电路原理图如图3-20所示。

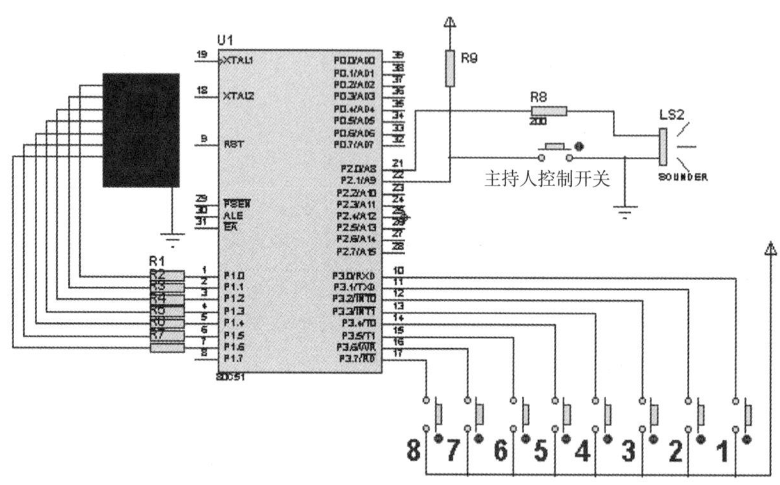

图3-20　八路抢答器电路原理图

二、源程序

```
#include<REG51.H>
#define uchar unsigned char
#define uint unsigned int

sbit speaker=P2^0；//扬声器输出
sbit button=P2^1；//主持人开关控制

uchar tcount;
uchar code Seg7code[9]={0x3f，0x06，0x5b，0x4f，0x66，
                        0x6d，0x7d，0x07，0x7f}；//0~8的代码
/*************************************************************/
void delay1ms（uint k）//延迟
{
   uint i，j;
   for（j=k；j>0；j--）
   for（i=121；i>0；i--）；
}
/*************************************************************/
void ShowG（uchar no）//显示出第几个人按下按键
```

```
{
    P1=Seg7code[no];
}
/**************************************************************/
uchar Keyscan（void）//键盘扫描，获取组数
{
    uchar temp，no=0;
    if（P3!=0）
    {
        delay1ms（5）；
         if（P3!=0）
         temp=P3;
    }
    while（temp!=0）
    {
            temp=temp>>1；//扫描右移
            no++;
    }
    return no；//返回第几个按键按下
}
/**************************************************************/
void timer0（void） interrupt 1//t0中断
{
    TH0=（65536-2000）/256;
    TL0=（65536-2000）%256;
    tcount++;
    if（tcount==200）//2s
    {
        EA=0;
        tcount=0;
    }
    speaker=~speaker;
}
/**************************************************************/
void main（）//主函数部分
```

```
{
    //uchar GroupNo;
    TMOD=0x01; //设置TMOD的工作方式 工作在定时器方式1
    TH0=（65536-2000）/256; //预置计数初值
    TL0=（65536-2000）%256;
    ET0=1;
    TR0=1;
    while（1）
    {
        P3=0x00;
        ShowG（0）; //没有按键按下时数码管显示0
        while（P3==0x00）;
        //GroupNo=Keyscan（）; //调用键盘扫描函数
        //ShowG（GroupNo）; //调用显示函数
        ShowG（Keyscan（））;
        EA=1; //进入中断服务程序
        while（button==1）;
        delay1ms（5）;
        while（button==1）; //主持人开关清零
        EA=0;
        ShowG（0）;
    }
}
```

三、程序详解

请大家自行分析。

【练习题】

按自己的思路制作一个四路抢答器。

任务十四　单片机与PC机的通信的编程

【任务描述】

掌握口的控制与状态寄存器SCON及串行口的工作方式及波特率。

【任务分析】

单片机P0口接数码管，P10接按键K1，使用串行口编程：

（1）由PC机控制单片机的P0口，将PC机送出的数以十进制形式显示在数码管上。

（2）按下K1向主机发送数据。

【相关知识】

一、串行口

80C51串行口是一个可编程的全双工串行通信接口。它用于异步通信方式（UART），与串行传送信息的外部设备相连接，或用于通过标准异步通信协议进行全双工的80C51多机系统，也可以通过同步方式，使用TTL或CMOS移位寄存器来扩充I/O口。

80C51单片机通过引脚RXD（P3.0，串行数据接收端）和引脚TXD（P3.1，串行数据发送端）与外界通信。SBUF是串行口缓冲寄存器，包括发送寄存器和接收寄存器。它们有相同名字和地址空间，但不会出现冲突，因为一个只能被CPU读出数据，另一个只能被CPU写入数据。

二、串行口的控制与状态寄存器SCON

SCON状态寄存器结构见表3-9。串行口的控制与状态寄存器SCON用于定义串行口的工作方式及实施接收和发送控制。SM0和SM1为工作方式选择位，可选择4种工作方式具体见表3-10。

表3-9　SCON状态寄存器结构

SCON	D7	D6	D5	D4	D3	D2	D1	D0
	SM0	SM1	SM2	REN	TB8	RB8	TI	RI
位地址	99FH	99EH	99DH	99CH	99BH	99AH	99H	98H

表3-10　串行口的工作方式

SMO	SMI	方式	说　明	波特率
0	0	0	移位寄存器	fosc/12
0	1	1	10 位异步收发器（8 位数据）	可变
1	0	2	11 位异步收发器（9 位数据）	fosc/64 或 fosc/32
1	1	3	11 位异步收发器（9 位数据）	可变

fosc：晶振频率。

SM2：多机通信控制位。

REN：允许串行接收位。若软件置REN=1，则启动串行口接收数据；若软件置REN=0，则禁止接收。

TB8：在方式2或方式3中，为要发送的第9位数据。也可作为奇偶校验位，根据需要由软件置1或清0，在多机通信中作为区别地址帧或数据帧的标志位。

RB8：接收到数据的第9位。在方式0中不使用RB8。在方式1中，若SM2＝0，RB8为接收到的停止位。在方式2或方式3中，RB8为接收到的第9位数据。

TI：发送中断标志。在方式0中，第8位发送结束时，由硬件置位。在其他方式的发送停止位前，由硬件置位。TI置位既表示一帧信息发送结束，同时也是申请中断，可根据需要，用软件查询的方法获得数据已发送完毕的信息，或用中断的方式来发送下一个数据。TI必须用软件清0。

RI：接收中断标志位。在方式0中，当接收完第8位数据后，由硬件置位。在其他3种方式中，如果SM2控制位允许，串行接收到停止位的中间时刻由硬件置位。RI＝1，表示一帧数据接收完毕，可由软件查询RI的状态，RI＝1则向CPU申请中断，CPU响应中断，准备接收下一帧数据。RI必须用软件清0。

三、特殊功能寄存器PCON

PCON电源管理寄存器结构见表3-11。SMOD：波特率倍增位。在串行口处于方式1、方式2、方式3时，波特率与SMOD有关。当SMOD=1时，波特率提高1倍。复位时，SMOD=0。

常用的串行口波特率以及各参数的关系见表3-12。

表3-11　PCON电源管理寄存器结构

PCON	D7	D6	D5	D4	D3	D2	D1	D0
位符号	SMOD	—	—	—	GF1	GF0	PD	IDL

表3-12　常用波特率与定时器T1的参数关系

串口工作方式及波特率（b/s）		fosc（MHz）	SMOD	定时器 T1		
				C/$\overline{T}$	工作方式	初值
方式 1、3	62.5k	12	1	0	2	FFH
	19.2k	11.0592	1	0	2	FDH
	9600	11.0592	0	0	2	FDH
	4800	11.0592	0	0	2	FAH
	2400	11.0592	0	0	2	F4H
	1200	11.0592	0	0	2	E8H

四、串行口的初始化

串行口工作之前，应对其进行初始化，主要是设置产生波特率的定时器T1、串行口控制和中断控制。具体步骤如下：

（1）确定T1的工作方式（编程TMOD寄存器）。

（2）计算T1的初值，装载TH1、TL1。

（3）启动T1（编程TCON中的TR1位）。

（4）确定串行口控制（编程SCON寄存器）。

串行口在中断方式工作时，要进行中断设置（编程IE、IP寄存器）。

【任务实施】

一、电路原理图

串口通信电路原理图如图3-21所示。

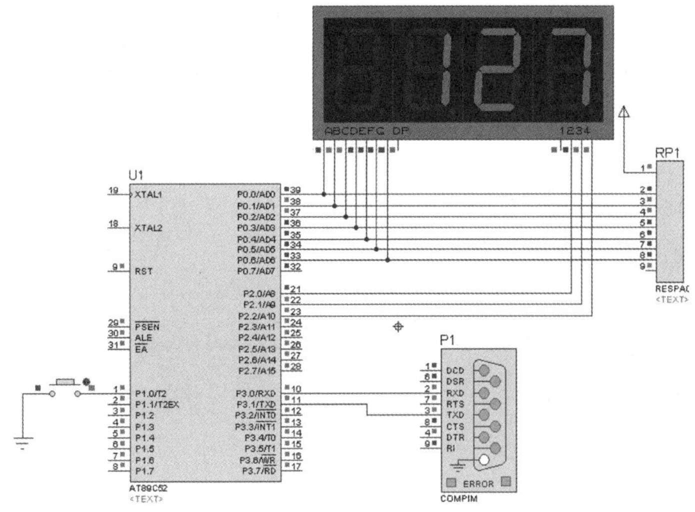

图3-21　串口通信电路原理图

二、任务实现方法

使用T1作为波特率发生器，工作于方式2（8位自动重装入方式），波特率为9600，串行口工作于方式1，T1的定时初值为0xfd，TMOD应初始化为0x02，SCON应初始化为0x50，设置好初值后，使用TR1＝1开启定时器T1，然后即进入无限循环中开始正常工作，PC发送数据显示在数码管上。如果K1被按下，则将table中的内容送到PC中。

三、源程序

```
/*************************************/
/*本程序演示单片机与PC机之间的通信*/
/*晶振频率11.0592MHz                    */
/*波特率9600                                   */
/*使用虚拟串口软件                   */
/*************************************/


#include <AT89X51.H>
#define uchar unsigned char
#define uint unsigned int


uchar code tab[]={0x3f，0x06，0x5b，0x4f，0x66，0x6d，0x7d，0x07，0x7f，0x6f};
uchar code table[]=”你的路就在你脚下，如何走在于你自己。脚上的泡都是自己走的！”;
sbit k1=P1^0;
uchar dat;                                            //全局变量
```

```
/*********************************************/
void delay（uint DelayTime）                    //延时函数
{
    uint j;
    for（; DelayTime>0; DelayTime--）
        for（j=0; j<121; j++）;
}
/************************************************/
void SendData（uchar Dat）                      //发送数据
{
    SBUF=Dat;
    while（1）
    {
            if（TI）
            {
                TI=0;
                break;
            }
        }
}
/*********************************************/
void init_com（）                               //串口初始化
{
    TMOD=0X20;
    SCON=0X50;
    TH1=0xFD;
    TL1=0xFD;
    TR1=1;
    ES=1;
    EA=1;
}
/*********************************************/
void display（uchar date）    //显示函数
{
    P2=0XFE; P0=tab[date/100]; delay（5）;
```

```
    P2=0XFD; P0=tab[date%100/10]; delay (5) ;
    P2=0XFB; P0=tab[date%10]; delay (5) ;
    P2=0xff;
}
/***************************************************/
void main ()
{
    uchar i;
    P2=0xff;
    P0=0xff;
    init_com () ;
    while (1)
    {
        display (dat) ;
        if (!k1)
        {
            delay (10) ;
            if (!k1)
            {
                for (i=0; i<sizeof (table) -1; i++)
                SendData (table[i]) ;
            }
            while (!k1) ;
            }
    }
}
/***************************************/
serial () interrupt 4                    //串行中断服务程序
{
    if (RI)
    RI=0;
    dat=SBUF;
}
```

四、程序详解

请大家自行分析。

项目四　单片机的高级模块编程

任务一　8×8 LED点阵显示技术的编程

【任务描述】

能在Protues中正确画出电路原理图，能够读懂源程序。

【任务分析】

在8×8LED点阵上显示柱形，让其先从左到右平滑移动3次，其次从右到左平滑移动3次，再次从上到下平滑移动3次，最后从下到上平滑移动3次，如此循环下去。

【任务实施】

一、电路原理图

8×8LED点阵显示电路原理图如图4-1所示。

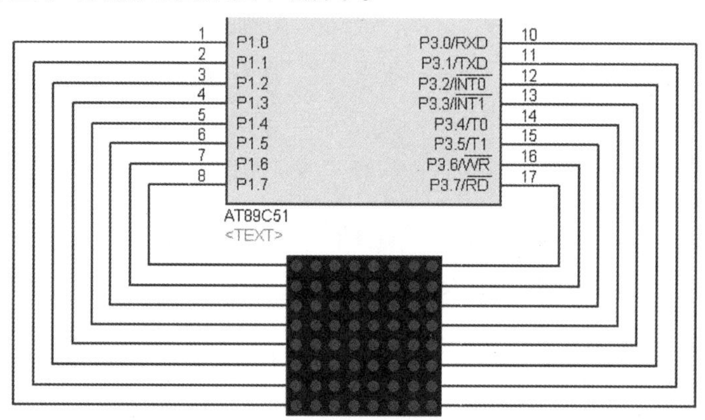

图4-1　8×8 LED点阵显示电路原理图

二、程序设计内容

8×8点阵LED结构如图4-2所示。

从图4-2中可以看出，8×8点阵共由64个发光二极管组成，且每个发光二极管是放置在行线和列线的交叉点上的，当对应的某一列置1电平，某一行置0电平，则相应的二极管就亮。因此，当要实现一根柱形的亮法

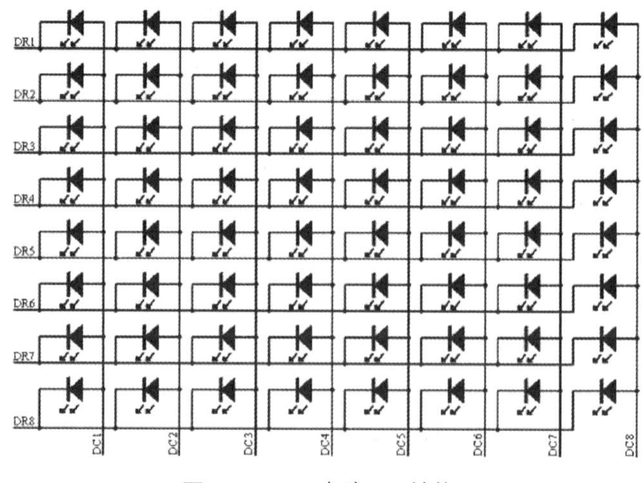

图4-2　8×8点阵LED结构图

（对应的一列为一根竖柱，或者对应的一行为一根横柱），实现方法如下：

（1）一根竖柱：对应的列置1，而行则采用扫描的方法来实现。

（2）一根横柱：对应的行置0，而列则采用扫描的方法来实现。

三、源程序

```
#include <REGX51.H>
#define uchar unsigned char
#define uint unsigned int
uchar code taba[]={0xfe，0xfd，0xfb，0xf7，0xef，0xdf，0xbf，0x7f}；
uchar code tabb[]={0x01，0x02，0x04，0x08，0x10，0x20，0x40，0x80}；
/*************************************************************/
void delay（uint k）
{
 uint i，j；
 for（i=0；i<k；i++）
 for（j=0；j<121；j++）；
}
/****************************************************/
void main（void）
{
 uchar i，j；
 while（1）
  {
      for（j=0；j<3；j++）
       {
           for（i=0；i<8；i++）
            {
                P3=taba[i]；
                P1=0xff；
               delay（200）；
           }
       }
    for（j=0；j<3；j++）
     {
         for（i=0；i<8；i++）
          {
```

```
            P3=taba[7-i];
            P1=0xff;
            delay（200）;
        }
    }
    for（j=0; j<3; j++）
    {
        for（i=0; i<8; i++）
        {
            P3=0x00;
            P1=tabb[7-i];
            delay（200）;
        }
    }
    for（j=0; j<3; j++）
    {
        for（i=0; i<8; i++）
        {
            P3=0x00;
            P1=tabb[i];
            delay（200）;
        }
    }
  }
}
```

任务二　点阵式LED点阵显示技术的编程

【任务描述】

掌握二维数组的使用，理解点阵图形编码的形成。

【任务分析】

利用8×8点阵显示数字0~9。

【任务实施】

一、电路原理图

8×8点阵显示电路原理图如图4-3所示。

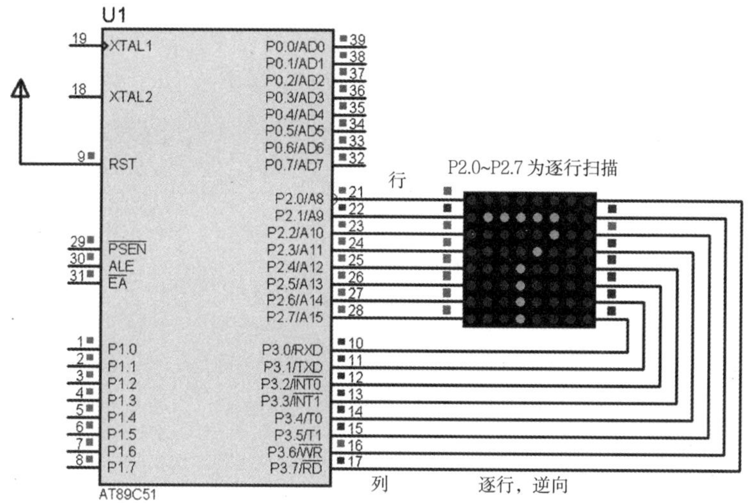

图4-3　8×8点阵显示电路原理图

二、程序设计内容

数字0~9点阵显示代码的形成。

三、源程序

```
#include <AT89X51.H>
#define uchar unsigned char
#define uint unsigned int
uchar code tab[]={0xfe, 0xfd, 0xfb, 0xf7, 0xef, 0xdf, 0xbf, 0x7f};
uchar code digittab[10][8]={
{0x00, 0x00, 0x3e, 0x41, 0x41, 0x41, 0x3e, 0x00},          //0
{0x00, 0x00, 0x00, 0x21, 0x7f, 0x01, 0x00, 0x00},          //1
{0x00, 0x00, 0x23, 0x45, 0x45, 0x45, 0x39, 0x00},          //2
{0x00, 0x00, 0x22, 0x41, 0x49, 0x49, 0x36, 0x00},             //3
{0x00, 0x00, 0x0c, 0x14, 0x24, 0x7f, 0x04, 0x00},          //4
{0x00, 0x00, 0x72, 0x51, 0x51, 0x51, 0x4e, 0x00},          //5
{0x00, 0x00, 0x3e, 0x49, 0x49, 0x49, 0x26, 0x00},          //6
{0x00, 0x00, 0x40, 0x40, 0x4f, 0x50, 0x60, 0x00},          //7
{0x00, 0x00, 0x36, 0x49, 0x49, 0x49, 0x36, 0x00},          //8
{0x00, 0x00, 0x32, 0x49, 0x49, 0x49, 0x3e, 0x00 } };       //9
//---------------------------------------------
void delay (uint N)
{
   uint i, j;
   for (i=0; i<N; i++)
```

```
        for (j=0; j<121; j++) ;
}
//----------------------------------
fun1 ()
{
    uchar m, n, h;
    for (h=0; h<10; h++)          //数组下标10
    {
        for (n=0; n<10; n++)      //刷新次数
        {
            for (m=0; m<8; m++)  //数组下标8
            {
                    P3=digittab[h][m]; P2=tab[m]; delay (7) ; P2=0xff;
            }
            }
            }
}
/*****************************************************/
void main (void)
{
    while (1)
    {
      fun1 () ;
    }
}
```

【练习题】

在8×8点阵式LED显示“★”“●”和心形图，通过按键来选择要显示的图形。

任务三　字符液晶LCD1602的编程

【任务描述】

掌握LCD1602液晶显示器的使用方法。

【任务分析】

在LCD1602液晶显示器上从右至左动态显示I LIKE MCU!（第一行）和WWW.TXMCU.COM（第二行）。

【相关知识】

LCD1602简介：

16×2点阵字符液晶模块是由点阵字符液晶显示器件和专用的行、列驱动器、控制器及必要的连接件、结构件装配而成，可以显示数字和英文字符。这种点阵字符模块本身具有字符发生器，显示容量大，功能丰富。

液晶点阵字符模块的点阵排列是由5×7或5×8、5×11的一组组像素点阵排列组成的。每组为1位，每位间有一点的间隔，每行间也有一行的间隔，所以不能显示图形。

【任务实施】

一、电路原理图

LCD1602液晶显示电路原理图如图4-4所示。

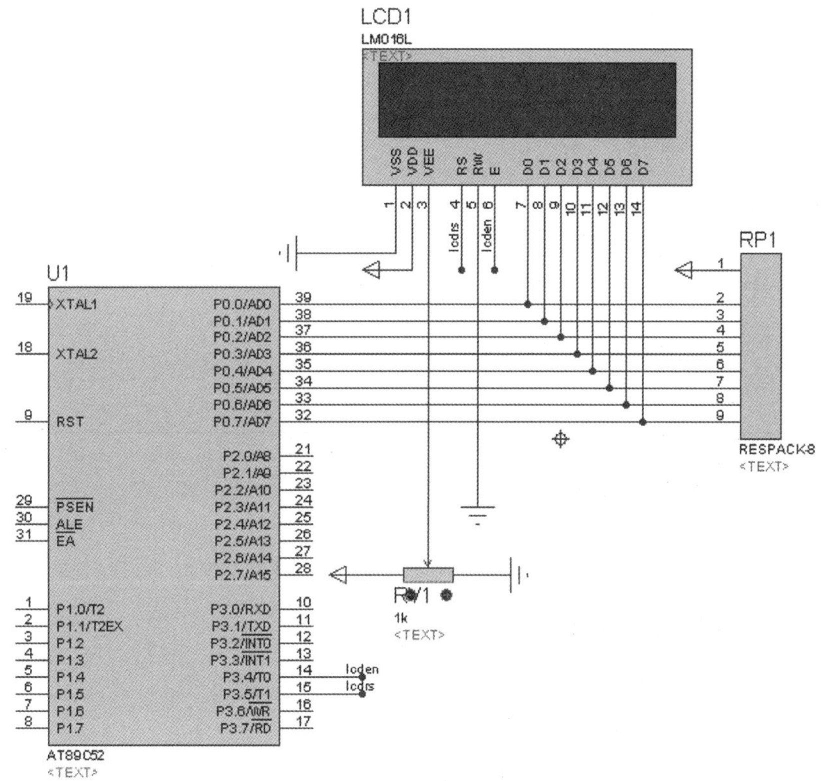

图4-4　LCD1602液晶显示电路原理图

二、源程序

```
#include<REG52.H>
#define uchar unsigned char
#define uint unsigned int
uchar code table[]=" I LIKE MCU!" ;
uchar code table1[]=" WWW.TXMCU.COM" ;
sbit lcden=P3^4;
```

```
sbit lcdrs=P3^5;
uchar num;
//******************************************
void delay（uint z）
{
   uint x, y;
   for（x=z;  x>0;  x--）
        for（y=110;  y>0;  y--）;
}
//********************************************
void write_com（uchar com）//写指令
{
   lcdrs=0;  //     RS=L
   P0=com;          //指令写到P0口
   delay（1）;  //延时tsp1
   lcden=1;  //E=高脉冲
   delay（1）;  //延时足够时间把指令写完
   lcden=0;  //写完后E=低脉冲
}
//*******************************************
void write_data（uchar date）//写数据
{
   lcdrs=1;  //RS=H
   P0=date;  //数据写到P0口
   delay（1）;  //延时tsp1
   lcden=1;  //E=高脉冲
   delay（1）;  //延时足够时间把数据写完
   lcden=0;  //E=低脉冲
}
//***********************************
void init（）                    //初始化
{
    lcden=0;  //E=低脉冲
write_com（0x38）;  //设置16×2显示，5×7点阵，8位数据接口
write_com（0x0c）;  /*00001DCB：D=1开显示，D=0关显示；C=1显示光标，C=0
```

不显示光标；B=1光标闪烁，B=0光标不闪烁

```
        write_com（0x06）； /*000001NS：N=1写一个字符地址加1，且光标加1；N=0减
1。S=1写一个字符整屏显示左移（N=1）或右移。S=0，不移动*/
    write_com（0x01）； //数据指针清零，所有显示清零
    write_com（0x80+0x13）； //0~F显示可见，10~27显示不可见
    }
    //********************************************************************
    void main（）
    {
      init（）；
      for（num=0； num<11； num++）        //写11个字符
      {
          write_data（table[num]）；
          delay（20）；
      }
      write_com（0x80+0x52）； //写到地址53H处
      for（num=0； num<13； num++）        //写13个字符
      {
          write_data（table1[num]）；
          delay（20）；
      }
      for（num=0； num<16； num++）//移动16个字符
      {
    write_com（0x1c）； /*（0 0 0 1 S/C R/L X X）S/C R/L： 0 0--左移光标，
    01-右移光标，10-显示左移，11-显示右移
    protues中1 0是右移，11是左移*/
      delay（100）； //移动时间
    }
    while（1）；
    }
```

任务四　可调节时、分、秒LCD1602时钟的编程

【任务描述】

介绍任务的环境、目的。

【任务分析】

介绍完成任务的思路、技能点和知识点。这一环节要注重老师的引导作用，引领学生对工作任务进行分析，并针对性地提出解决问题的方法和技巧，理清解决问题的思路。

【任务实施】

一、电路原理图

可调节LCD1602液晶显示电路原理图如图4-5所示。

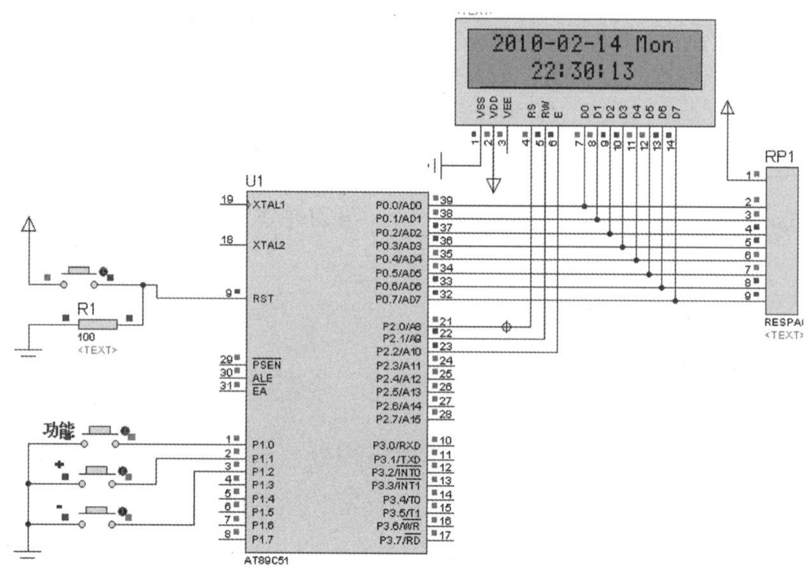

图4-5 可调节LCD1602液晶显示电路原理图

二、源程序

```
#include <REG51.H>
#define uchar unsigned char
#define uint  unsigned int
/**********************位定义****************************/
sbit rs = P2^0;
sbit rw = P2^1;
sbit e  = P2^2;


sbit P10= P1^0;
sbit P12= P1^2;
sbit P14= P1^4;
/***********************赋值*****************************/
uchar code table_date[]={ “2000-00-00 mon” };
uchar code table_time[]={ “00:00:00” };
uchar code week1[]={ “mon” };
```

```
uchar code week2[]={ "tue" };
uchar code week3[]={ "wed" };
uchar code week4[]={ "thu" };
uchar code week5[]={ "fri" };
uchar code week6[]={ "sat" };
uchar code week7[]={ "sun" };

uchar code hanzi[3][8]={0x1f, 0x11, 0x11, 0x1f, 0x11, 0x11, 0x1f, 0x00, //日
                        0x0f, 0x09, 0x0f, 0x09, 0x0f, 0x09, 0x11, 0x00, //月
                        0x08, 0x0f, 0x12, 0x0f, 0x0a, 0x1f, 0x02, 0x02}; //年

uchar miao, fen, shi, nian, yue, ri;
uchar count, shiwei, gewei, num;
uchar week;
uchar  key_count;
//*********************************************************
//函数名称：void delay1ms（unsigned char t）
//函数功能：延时函数
//返回类型：无
//使用说明：
//                1：产生需要的延时时间
//*********************************************************
void delay1ms（uchar t）
{
    uchar i, j;
    for（; t; t--）
    for（i=4; i>0; i--）
    for（j=123; j>0; j--）;
}
//************************************************
//函数名称：uchar lcd_test
//函数功能：测试LCD是否忙碌
//返回类型：uchar
//************************************************
uchar lcd_test（）
```

```
{
    uchar result;
    rs = 0;
    rw = 1;
    e  = 1;
    delay1ms（1）；
    result = （uchar）（P0 & 0x80）；
    e = 0;
    return result;
}
//**************************************************
//函数名称：uchar lcd_cmd
//函数功能:写命令入LCD
//返回类型：void
//**************************************************
void lcd_cmd（uchar cmd）//输出无          上升沿有效
{
    while（lcd_test（））；
    rs= 0;
    rw= 0;
    e= 0;
    delay1ms（1）；
    P0= cmd;
    delay1ms（1）；
    e= 1;
    delay1ms（1）；
    e= 0;
}
//****************************************************
//函数名称：uchar lcd_pos
//函数功能:设定LCD显示的位置
//返回类型：void
//****************************************************
void lcd_pos（uchar pos）
{
```

```
    lcd_cmd（ pos | 0x80）；

}
//*****************************************************
//函数名称：uchar lcd_dat
//函数功能:写入LCD显示的数据
//返回类型：void
//*****************************************************
void lcd_dat（uchar dat）//写数据 上升沿有效
 {
    while（lcd_test（））；
    rs= 1;
    rw= 0;
    e= 0;
    P0= dat;
    delay1ms（1）；
    e= 1;
    delay1ms（1）；
    e= 0;
}

void writeCG（）
{
    uchar x，y;
    lcd_cmd（0x40）；                                //CGRAM在0x40处开始
    for（y=0；y<3；y++）
    {
         for（x=0；x<8；x++）
          {
               lcd_dat（hanzi[y][x]）；
         }
    }

}
/**********************初始化**********************/
```

```
void init（void）
{
    writeCG（）；
    lcd_cmd（0x38）；//
    lcd_cmd（0x0c）；//
    lcd_cmd（0x06）；
    lcd_cmd（0x01）；//清屏

    TMOD=0X01;
    TH0=（65536-50000）/256;
    TL0=（65536-50000）%256;
    EA=1;
    ET0=1;
    TR0=1;

    lcd_pos（0x02）；
    for（num=0; num<14; num++）
    {
          lcd_dat（table_date[num]）；
          delay1ms（2）；
    }
    lcd_pos（6）；lcd_dat（0x02）；
    lcd_pos（9）；lcd_dat（0x01）；
    lcd_pos（0x0c）；lcd_dat（0x00）；

    lcd_pos（0x44）；
    for（num=0; num<8; num++）
    {
              lcd_dat（table_time[num]）；
              delay1ms（2）；
      }
}
/***************写入函数*****************/
void write_sfm（uchar add, uchar dat）
{
```

```
    shiwei = dat/10;
    gewei  = dat%10;
    lcd_pos (add) ;
    lcd_dat (0x30+shiwei) ;
     lcd_dat (0x30+gewei) ;
}
//*****************************************
//函数名称: void keyscan ()
//函数功能: 键盘扫描, 设置日期
//*****************************************
void keyscan ()
{
    if (P10==0)
    {
            delay1ms (5) ;
            if (P10==0)
            {
                    key_count++;
                    while (!P10) ;
                    if (key_count==1)   //秒
                    {
                            TR0=0;
                            lcd_cmd (0x0f) ;
                            lcd_pos (0x4B) ;
                    }
                    if (key_count==2)   //分
                    {
                            TR0=0;
                            lcd_cmd (0x0f) ;
                            lcd_pos (0x48) ;
                     }
                    if (key_count==3)   //时
                    {
                            TR0=0;
                            lcd_cmd (0x0f) ;
```

```
            lcd_pos（0x45）；
        }
        if（key_count==4）  //设置星期
        {
            TR0=0;
            lcd_cmd（0x0f）；
            lcd_pos（0x0f）；
        }
        if（key_count==5）//设置月
        {
            TR0=0;
            lcd_cmd（0x0f）；
            lcd_pos（0x08）；
        }
        if（key_count==6）//设置日
        {
            TR0=0;
            lcd_cmd（0x0f）；
            lcd_pos（0x0b）；
        }
        if（key_count==7）//设置年
        {
            TR0=0;
            lcd_cmd（0x0f）；
            lcd_pos（0x05）；
        }
        if（key_count==8）//跳出设置
        {
            TR0=1;
            lcd_cmd（0x0c）；
            key_count=0;
        }
            }
}
switch（key_count）//分别设置时间、日期
```

```
{
        case 1://设置秒
        if（P12==0）
        {
            delay1ms（5）；
            if（P12==0）
            {
                while（!P12）；
                miao++;
                if（miao==60）
                {
                    miao=0;
                }
                write_sfm（0x4A，miao）；//写秒+
                lcd_pos（0X4B）；//使其在秒位置上显示
            }
        }
        if（P14==0）
        {
            delay1ms（5）；
            if（P14==0）
            {
                while（!P14）；
                miao--;
                if（miao==-1）
                {
                miao=59;
                }
                write_sfm（0x4A，miao）；//写秒-
                lcd_pos（0X4B）；//使其在秒位置上显示
            }
        }
        ；break;

        case 2://设置分
```

```
if（P12==0）
{
      delay1ms（5）；
      if（P12==0）
      {
            while（!P12）；
            fen++;
            if（fen==60）
            {
                  fen=0;
            }
            write_sfm（0x47，fen）； //写分+
            lcd_pos（0X48）； //使其在分位置上显示
            }
      }
      if（P14==0）
      {
            delay1ms（5）；
            if（P14==0）
            {
                  while（!P14）；
                  fen--;
                  if（fen==-1）
                  {
                        fen=59;
            }
            write_sfm（0x47，fen）； //写分-
            lcd_pos（0X48）； //使其在分位置上显示
            }
      }
      ； break;

      case 3://设置小时
      if（P12==0）
      {
```

```
        delay1ms（5）；
        if（P12==0）
        {
            while（!P12）；
            shi++;
            if（shi==24）
            {
                shi=0;
            }
            write_sfm（0x44,  shi）； //写时+
            lcd_pos（0X45）； //使其在时位置上显示
        }
    }
    if（P14==0）
    {
        delay1ms（5）；
        if（P14==0）
        {
            while（!P14）；
            shi--;
            if（shi==-1）
            {
                shi=23;
            }
            write_sfm（0x44,  shi）； //时-
            lcd_pos（0X45）； //使其在时位置上显示
        }
    }
    ； break;

    case 4://设置星期
        if（P12==0）
        {
            delay1ms（5）；
            if（P12==0）
```

```
{
    week++;
    while（!P12）;
    switch（week）
    {

        case 1:
        lcd_cmd（0x0f）;
        lcd_pos（0x0d）;

        for（num=0; num<3; num++）
        {

            lcd_dat（week2[num]）;

        }
        lcd_pos（0xf）; break;

        case 2:
        lcd_cmd（0x0f）;
        lcd_pos（0x0d）;

        for（num=0; num<3; num++）
        {

            lcd_dat（week3[num]）;

        }
        lcd_pos（0x0f）; break;
        case 3:
        lcd_cmd（0x0f）;
        lcd_pos（0x0d）;

        for（num=0; num<3; num++）
        {
```

```
        lcd_dat（week4[num]）；

}
lcd_pos（0x0f）； break;
case 4:

lcd_cmd（0x0f）；
lcd_pos（0x0d）；

for（num=0； num<3； num++)
{

        lcd_dat（week5[num]）；

}
lcd_pos（0x0f）； break;
case 5:

lcd_cmd（0x0f）；
lcd_pos（0x0d）；

for（num=0； num<3； num++)
{

        lcd_dat（week6[num]）；

}
lcd_pos（0x0f）； break;
case 6:
lcd_cmd（0x0f）；
lcd_pos（0x0d）；

for（num=0； num<3； num++)
{
```

```
                lcd_dat（week7[num]）;
            }
            lcd_pos（0x0f）; break;

            case 7:
            lcd_cmd（0x0f）;
            lcd_pos（0x0d）;

            for（num=0; num<3; num++）
            {
                lcd_dat（week1[num]）;
            }
            lcd_pos（0x0f）; week=0; break;
        }
    }
}; break; //跳出设置星期case4

case 5://设置月
 if（P12==0）
{
    delay1ms（5）;
    if（P12==0）
    {
        while（!P12）;
         yue++;
         if（yue==13）
         {
             yue=1;
         }
         write_sfm（0x07, yue）; //写月+
         lcd_pos（0X08）; //使其在月位置上显示
```

```
            }
    }
    if（P14==0）
    {
        delay1ms（5）；
        if（P14==0）
        {
            while（!P14）；
            yue--;
            if（yue==0）
            {
                yue=12;
            }
            write_sfm（0x07，yue）；  //写月-
            lcd_pos（0X08）；       //使其在月位置上显示
        }
    }；  break;

    case 6://设置日
    if（P12==0）
    {
        delay1ms（5）；
        if（P12==0）
        {
            while（!P12）；
            ri++;
if（yue==1||yue==3||yue==5||yue==7||yue==8||yue==10||yue==12）
                {

                    if（ri==32）
                    {
                        ri=1;
                    }
                write_sfm（0x0a，ri）；  //写日+
                lcd_pos（0X0b）；  //使其在日位置上显示
```

```
                    }
                    if（yue==2）
                    {
                        write_sfm（0x0a，ri）；//写日+
                        if（ri==29）
                        {
                            ri=1;
                        }
                        write_sfm（0x0a，ri）；//写日+
                        lcd_pos（0X0b）；//使其在日位置上显示
                    }
                    if（yue==4||yue==6||yue==9||yue==11）
                    {

                        if（ri==31）
                        {
                            ri=1;
                        }
                        write_sfm（0x0a，ri）；//写日+
                        lcd_pos（0X0b）；//使其在日位置上显示

                    }
                }
            }

            if（P14==0）
            {
                delay1ms（5）；
                if（P14==0）
                {
                    while（!P14）；
                    ri--;
    if（yue==1||yue==3||yue==5||yue==7||yue==8||yue==10||yue==12）
                    {
```

```
            if（ri==0）
            {
                ri=31；
            }
            write_sfm（0x0a，ri）；//写日-
            lcd_pos（0X0b）；//使其在日位置上显示
            }
            if（yue==2）
            {
                write_sfm（0x0a，ri）；//写日-
                if（ri==0）
                {
                    ri=28；
                }
            write_sfm（0x0a，ri）；//写日-
            lcd_pos（0X0b）；//使其在日位置上显示
        }
        if（yue==4||yue==6||yue==9||yue==11）
        {

            if（ri==0）
            {
                ri=30；
            }
            write_sfm（0x0a，ri）；//写日-
            lcd_pos（0X0b）；//使其在日位置上显示

            }
    }
}；break；

case 7://设置年
if（P12==0）
{
    delay1ms（5）；
```

```
                    if（P12==0）
                    {
                        while（!P12）；
                         nian++;
                          if（nian==100）
                          {
                              nian=0;
                          }
                           write_sfm（0x04，nian）；  //写年+
                           lcd_pos（0X05）；  //使其在年位置上显示
                    }
                }

                if（P14==0）
                {
                    delay1ms（5）；
                    if（P14==0）
                    {
                        while（!P14）；
                         nian--;
                         if（nian==-1）
                          {
                              nian=99;
                          }
                          write_sfm（0x04，nian）；   //写年-
                          lcd_pos（0X05）；    //使其在年位置上显示
                    }
                }；  break;
            }
    }

//*************************************
//函数名称：void time_0（） interrupt 1
//*************************************
void time_0（） interrupt 1
```

```
{
    TH0=（65536-50000）/256;
    TL0=（65536-50000）%256;
    count++;
    if（count==18）
    {
        count=0;
        miao++;
        if（miao==60）
        {
            miao=0;
            fen++;
            if（fen==60）
            {
                fen=0;
                shi++;
                 if（shi==24）
                 {
                     shi=0;
                 }

                 write_sfm（0x44，shi）； //写小时
              }

             write_sfm（0x47，fen）； //写分

        }
         write_sfm（0x4A，miao）； //写秒
    }
}


void main（）
{
   init（）； //初始化
```

```
    while (1)
    {
        keyscan () ;
    }
}
```

任务五　128×64液晶显示汉字

【任务描述】

掌握128×64点阵图形液晶模块的原理、应用及16×16汉字字模的提取。

【任务分析】

利用汉字字模提取软件在128×64点阵图形液晶模块上显示汉字。

【相关知识】

一、点阵图形液晶显示模块

点阵图形液晶模块是一种用于显示各类图像、符号、汉字的显示模块，其显示屏的点阵像素连续排列，行和列在排布中没有间隔，因此可以显示连续、完整的图形，当然它也能显示字母、数字等字符。点阵图形液晶模块依控制芯片的不同，其功能及控制方法与点阵字符液晶模块相比略有不同。

这里以常见的128×64点阵图形液晶模块为例来做介绍，该液晶模块由日立HD61202和HD61203芯片组成。128×64点阵图形液晶模块，表示横向有128点，纵向有64点，如果以汉字16×16点而言，每行可显示8个中文字，4行共计32个中文字。

二、汉字字模提取软件LCD3310.EXE

汉字字模提取软件界面如图4-6所示。

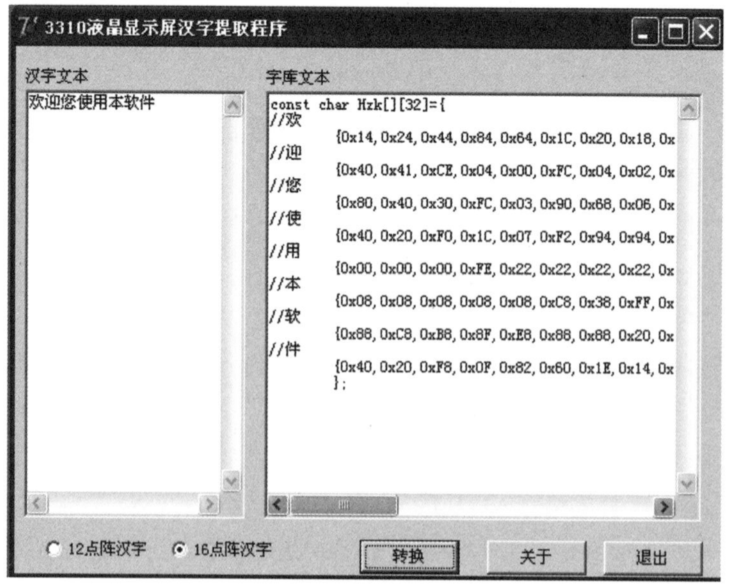

图4-6　汉字字模提取软件界面

【任务实施】

一、电路原理图

在128×64点阵图形液晶模块上显示汉字。128×64液晶显示电路原理图如图4-7所示。

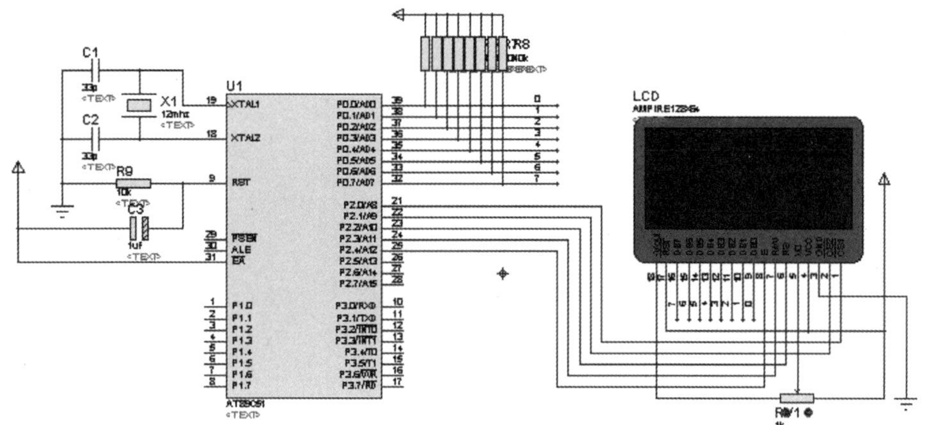

图4-7　128×64液晶显示电路原理图

二、源程序

```
#include<REG51.H>
#include<intrins.h>
#define uchar unsigned char
#define uint unsigned int
sbit CS1=P2^0;
sbit CS2=P2^1;
sbit RS=P2^2;
sbit RW=P2^3;
sbit E=P2^4;
uchar com, date, screen, col, page;
uint mun;
uchar code hanzi[]={
//两
0x02, 0xF2, 0x12, 0x12, 0x12, 0xFE, 0x92, 0x12, 0x12, 0xFE, 0x12,
0x12, 0x12, 0xFB, 0x12, 0x00, 0x00, 0x7F, 0x08, 0x04, 0x03, 0x00, 0x10,
0x09, 0x06, 0x01, 0x01, 0x26, 0x40, 0x3F, 0x00, 0x00,
//个
0x00, 0x80, 0x80, 0x40, 0x20, 0x10, 0x0C, 0xE3, 0x04, 0x08, 0x10,
0x20, 0x60, 0xC0, 0x40, 0x00, 0x00, 0x00, 0x00, 0x00, 0x00, 0x00, 0x00,
0x7F, 0x00, 0x00, 0x00, 0x00, 0x00, 0x00, 0x00, 0x00,
```

//黄

0x20, 0x24, 0x24, 0xA4, 0xA4, 0xBF, 0xA4, 0xE4, 0xA4, 0xBF, 0xA4, 0xA4, 0x24, 0x24, 0x20, 0x00, 0x00, 0x80, 0x80, 0x5F, 0x32, 0x12, 0x12, 0x1F, 0x12, 0x12, 0x32, 0x5F, 0xC0, 0x00, 0x00, 0x00,

//鹂

0xFA, 0x8A, 0xFA, 0x02, 0xFA, 0x8A, 0x0A, 0xFA, 0x00, 0xFC, 0x0E, 0x35, 0x44, 0x7C, 0x00, 0x00, 0x7F, 0x41, 0x7F, 0x00, 0x7F, 0x20, 0x41, 0x3F, 0x08, 0x09, 0x09, 0x09, 0x29, 0x41, 0x3F, 0x00,

//鸣

0x00, 0xFC, 0x04, 0x04, 0xFC, 0x00, 0xFC, 0x04, 0x16, 0x65, 0x04, 0x84, 0xFC, 0x00, 0x00, 0x00, 0x00, 0x03, 0x02, 0x0A, 0x0B, 0x08, 0x0B, 0x0A, 0x0A, 0x0A, 0x0A, 0x4A, 0x82, 0x7E, 0x00, 0x00,

//翠

0x00, 0x41, 0x63, 0x55, 0x49, 0xC1, 0x5F, 0x50, 0x61, 0x53, 0xCD, 0x41, 0x5F, 0x40, 0x00, 0x00, 0x00, 0x08, 0x08, 0x0C, 0x0A, 0x09, 0x0A, 0xFC, 0x08, 0x0A, 0x09, 0x0A, 0x0C, 0x08, 0x08, 0x00,

//柳

0x08, 0x88, 0x68, 0xFF, 0x28, 0x48, 0xFC, 0x04, 0x02, 0xF2, 0x00, 0xFC, 0x04, 0x04, 0xFC, 0x00, 0x02, 0x01, 0x00, 0xFF, 0x00, 0x40, 0x47, 0x22, 0x19, 0x07, 0x00, 0xFF, 0x02, 0x04, 0x03, 0x00,

//一

0x00, 0x80, 0x80, 0x80, 0x80, 0x80, 0x80, 0x80, 0x80, 0x80, 0x80, 0x80, 0x80, 0xC0, 0x80, 0x00, 0x00, 0x00, 0x00, 0x00, 0x00, 0x00, 0x00, 0x00, 0x00, 0x00, 0x00, 0x00, 0x00, 0x00, 0x00, 0x00,

//行

0x10, 0x08, 0x84, 0xC6, 0x73, 0x22, 0x40, 0x44, 0x44, 0x44, 0xC4, 0x44, 0x44, 0x44, 0x40, 0x00, 0x02, 0x01, 0x00, 0xFF, 0x00, 0x00, 0x00, 0x00, 0x40, 0x80, 0x7F, 0x00, 0x00, 0x00, 0x00, 0x00,

//白

0x00, 0x00, 0xF8, 0x08, 0x08, 0x0C, 0x0B, 0x08, 0x08, 0x08, 0x08, 0x08, 0xF8, 0x00, 0x00, 0x00, 0x00, 0x00, 0x7F, 0x21, 0x21, 0x21, 0x21, 0x21, 0x21, 0x21, 0x21, 0x21, 0x7F, 0x00, 0x00, 0x00,

//鹭

0x80, 0xF7, 0x85, 0x7D, 0x55, 0xD7, 0x40, 0x14, 0xF7, 0xAA, 0xAA, 0xB6, 0xF2, 0x10, 0x00, 0x00, 0x40, 0x40, 0x40, 0x5F, 0x51, 0x53, 0x55,

0x51, 0x51, 0x55, 0x17, 0x50, 0x90, 0x70, 0x00, 0x00,

//上

0x00, 0x00, 0x00, 0x00, 0x00, 0x00, 0x00, 0xFE, 0x40, 0x40, 0x40, 0x40, 0x40, 0x00, 0x00, 0x00, 0x00, 0x40, 0x40, 0x40, 0x40, 0x40, 0x40, 0x7F, 0x40, 0x40, 0x40, 0x40, 0x40, 0x60, 0x40, 0x00,

//青

0x40, 0x40, 0x44, 0x54, 0x54, 0x54, 0x54, 0x7F, 0x54, 0x54, 0x54, 0x54, 0x44, 0x40, 0x40, 0x00, 0x00, 0x00, 0x00, 0xFF, 0x15, 0x15, 0x15, 0x15, 0x15, 0x55, 0x95, 0x7F, 0x00, 0x00, 0x00, 0x00,

//天

0x00, 0x40, 0x42, 0x42, 0x42, 0x42, 0x42, 0xFE, 0x42, 0x42, 0x42, 0x42, 0x42, 0x42, 0x40, 0x00, 0x00, 0x80, 0x40, 0x20, 0x10, 0x08, 0x06, 0x01, 0x02, 0x04, 0x08, 0x10, 0x30, 0x60, 0x20, 0x00,

//窗

0x00, 0x4C, 0x44, 0xE4, 0x54, 0x44, 0x64, 0xD5, 0x46, 0x44, 0x4C, 0x54, 0xD4, 0x24, 0x2C, 0x00, 0x00, 0x00, 0x00, 0xFF, 0x44, 0x62, 0x55, 0x49, 0x55, 0x43, 0x41, 0x40, 0xFF, 0x00, 0x00, 0x00,

//含

0x40, 0x40, 0x20, 0x20, 0x50, 0x48, 0x4C, 0x73, 0x44, 0x48, 0xD0, 0x30, 0x60, 0x20, 0x20, 0x00, 0x00, 0x00, 0x00, 0x7C, 0x24, 0x24, 0x24, 0x24, 0x26, 0x25, 0x24, 0x7C, 0x00, 0x00, 0x00, 0x00,

//西

0x02, 0xF2, 0x12, 0x12, 0x12, 0xFE, 0x12, 0x12, 0x12, 0xFE, 0x12, 0x12, 0x12, 0xF2, 0x02, 0x00, 0x00, 0x7F, 0x28, 0x24, 0x22, 0x21, 0x20, 0x20, 0x20, 0x21, 0x22, 0x22, 0x22, 0x7F, 0x00, 0x00,

//岭

0x00, 0xF0, 0x00, 0xFF, 0x00, 0xF0, 0x40, 0x20, 0x10, 0x2C, 0x43, 0x04, 0x08, 0x70, 0x20, 0x00, 0x08, 0x1F, 0x08, 0x07, 0x04, 0x07, 0x01, 0x05, 0x09, 0x11, 0x29, 0x65, 0x03, 0x01, 0x00, 0x00,

//千

0x40, 0x40, 0x44, 0x44, 0x44, 0x44, 0x44, 0xFC, 0x42, 0x42, 0x42, 0x43, 0x42, 0x60, 0x40, 0x00, 0x00, 0x00, 0x00, 0x00, 0x00, 0x00, 0x00, 0x7F, 0x00, 0x00, 0x00, 0x00, 0x00, 0x00, 0x00, 0x00,

//秋

0x24, 0x24, 0xE4, 0xFC, 0xA2, 0x22, 0x22, 0x80, 0x70, 0x00, 0xFF,

0x40, 0x20, 0x18, 0x00, 0x00, 0x02, 0x01, 0x00, 0xFF, 0x00, 0x83, 0x40, 0x20, 0x18, 0x07, 0x01, 0x06, 0x18, 0xE0, 0x40, 0x00,

//雪

0x00, 0x18, 0x0A, 0xAA, 0xAA, 0xAA, 0x0A, 0xFE, 0x0A, 0xAA, 0xAA, 0xAA, 0x0A, 0x18, 0x08, 0x00, 0x00, 0x00, 0x42, 0x4A, 0x4A, 0x4A, 0x4A, 0x4A, 0x4A, 0x4A, 0x4A, 0x4A, 0xFE, 0x00, 0x00, 0x00,

//门

0x00, 0x00, 0xF8, 0x01, 0x06, 0x00, 0x02, 0x02, 0x02, 0x02, 0x02, 0x02, 0x02, 0xFE, 0x00, 0x00, 0x00, 0x00, 0xFF, 0x00, 0x00, 0x00, 0x00, 0x00, 0x00, 0x00, 0x00, 0x40, 0x80, 0x7F, 0x00, 0x00,

//泊

0x08, 0x31, 0x06, 0xC0, 0x30, 0x00, 0xF8, 0x08, 0x0C, 0x0B, 0x08, 0x08, 0x08, 0xF8, 0x00, 0x00, 0x02, 0x02, 0xFF, 0x00, 0x00, 0x00, 0xFF, 0x41, 0x41, 0x41, 0x41, 0x41, 0x41, 0xFF, 0x00, 0x00,

//东

0x00, 0x04, 0x04, 0xC4, 0xB4, 0x8C, 0x87, 0x84, 0xF4, 0x84, 0x84, 0x84, 0x84, 0x04, 0x00, 0x00, 0x00, 0x00, 0x20, 0x18, 0x0E, 0x04, 0x20, 0x40, 0xFF, 0x00, 0x02, 0x04, 0x18, 0x30, 0x00, 0x00,

//吴

0x00, 0x00, 0x80, 0xBE, 0xA2, 0xA2, 0xA2, 0xA2, 0xA2, 0xA2, 0xA2, 0xBE, 0x80, 0x00, 0x00, 0x00, 0x84, 0x84, 0x44, 0x44, 0x24, 0x14, 0x0C, 0x07, 0x0C, 0x14, 0x24, 0x64, 0xC4, 0x44, 0x04, 0x00,

//万

0x00, 0x02, 0x02, 0x02, 0x02, 0x82, 0x7E, 0x22, 0x22, 0x22, 0x22, 0xF2, 0x22, 0x02, 0x02, 0x00, 0x00, 0x40, 0x20, 0x10, 0x0C, 0x03, 0x00, 0x00, 0x20, 0x60, 0x20, 0x1F, 0x00, 0x00, 0x00, 0x00,

//里

0x00, 0x00, 0xFF, 0x91, 0x91, 0x91, 0x91, 0xFF, 0x91, 0x91, 0x91, 0x91, 0xFF, 0x00, 0x00, 0x00, 0x40, 0x40, 0x44, 0x44, 0x44, 0x44, 0x44, 0x7F, 0x44, 0x44, 0x44, 0x44, 0x44, 0x40, 0x40, 0x00,

//船

0x80, 0x80, 0xFC, 0x96, 0xA5, 0xFC, 0x80, 0x40, 0x3E, 0x02, 0x02, 0x02, 0x7E, 0x40, 0x40, 0x00, 0x80, 0x60, 0x1F, 0x42, 0x84, 0x7F, 0x00, 0x00, 0x7E, 0x22, 0x22, 0x22, 0x22, 0x7E, 0x00, 0x00

};

```
/*=====================自定义数字0~9字库=====================*/
uchar code shuzi[]=
{
/*-- 文字: 0 --*/
/*-- 宋体12;  此字体下对应的点阵为: 宽×高=8×16 --*/
0x00, 0xE0, 0x10, 0x08, 0x08, 0x10, 0xE0, 0x00, 0x00, 0x0F, 0x10,
0x20, 0x20, 0x10, 0x0F, 0x00, //0
/*-- 文字: 1 --*/
/*-- 宋体12;  此字体下对应的点阵为: 宽×高=8×16 --*/
0x00, 0x10, 0x10, 0xF8, 0x00, 0x00, 0x00, 0x00, 0x00, 0x20, 0x20,
0x3F, 0x20, 0x20, 0x00, 0x00, //1
/*-- 文字: 2 --*/
/*-- 宋体12;  此字体下对应的点阵为: 宽×高=8×16 --*/
0x00, 0x70, 0x08, 0x08, 0x08, 0x88, 0x70, 0x00, 0x00, 0x30, 0x28,
0x24, 0x22, 0x21, 0x30, 0x00, //2
/*-- 文字: 3 --*/
/*-- 宋体12;  此字体下对应的点阵为: 宽×高=8×16 --*/
0x00, 0x30, 0x08, 0x88, 0x88, 0x48, 0x30, 0x00, 0x00, 0x18, 0x20,
0x20, 0x20, 0x11, 0x0E, 0x00, //3
/*-- 文字: 4 --*/
/*-- 宋体12;  此字体下对应的点阵为: 宽×高=8×16 --*/
0x00, 0x00, 0xC0, 0x20, 0x10, 0xF8, 0x00, 0x00, 0x00, 0x07, 0x04,
0x24, 0x24, 0x3F, 0x24, 0x00, //4
/*-- 文字: 5 --*/
/*-- 宋体12;  此字体下对应的点阵为: 宽×高=8×16 --*/
0x00, 0xf8, 0x88, 0x48, 0x48, 0x48, 0x88, 0x08, 0x00, 0x04, 0x08,
0x10, 0x10, 0x10, 0x08, 0x07, //5
/*-- 文字: 6 --*/
/*-- 宋体12;  此字体下对应的点阵为: 宽×高=8×16 --*/
0x00, 0x70, 0x88, 0x08, 0x08, 0x88, 0x70, 0x00, 0x00, 0x1C, 0x22,
0x21, 0x21, 0x22, 0x1C, 0x00, //6
/*-- 文字: 7 --*/
/*-- 宋体12;  此字体下对应的点阵为: 宽×高=8×16 --*/
0x00, 0x08, 0x08, 0x08, 0x88, 0x58, 0x28, 0x18, 0x00, 0x00, 0x00,
0x00, 0x3f, 0x00, 0x00, 0x00, //7
```

```
/*-- 文字: 8 --*/
/*-- 宋体12;  此字体下对应的点阵为: 宽×高=8×16 --*/
0x00, 0x70, 0x88, 0x08, 0x08, 0x88, 0x70, 0x00, 0x00, 0x1C, 0x22,
0x21, 0x21, 0x22, 0x1C, 0x00, //8
/*-- 文字: 9 --*/
/*-- 宋体12;  此字体下对应的点阵为: 宽×高=8×16 --*/
0x00, 0xf0, 0x08, 0x08, 0x08, 0x08, 0x08, 0xf0, 0x00, 0x08, 0x11, 0x11,
0x11, 0x11, 0x09, 0x07, //9
/*-- 文字: ,  --*/
/*-- 宋体12;  此字体下对应的点阵为: 宽×高=8×16 --*/
0x00, 0x00, 0x00, 0x00, 0x00, 0x00, 0x00, 0x00, 0x00, 0x58, 0x7c,
0x3c, 0x18, 0x00, 0x00, 0x00, //10
/*-- 文字: 。 --*/
/*-- 宋体12;  此字体下对应的点阵为: 宽×高=8×16 --*/
0x00, 0x00, 0x00, 0x00, 0x00, 0x00, 0x00, 0x00, 0x00, 0x18, 0x24,
0x24, 0x18, 0x00, 0x00, 0x00}; //11

void delayms (uchar z)
{
    int x, y;
    for (x=z; x>0; x--)
        for (y=110; y>0; y--) ;
}
/*
    LCD写指令函数
*/
void w_com (uchar com)
{
    RW=0;
    RS=0;
    E=1;
    P0=com;
    E=0;
}
```

```
/*
   LCD写数据函数
*/
void w_date（uchar date）
{
     RW=0;
     RS=1;
     E=1;
     P0=date;
     E=0;
}


/*
      LCD选屏函数
*/
void select_screen（uchar screen）
{
        switch（screen）
        {
               case 0:    //选择全屏
                           CS1=0;
                          CS2=0;
                           break;
                           case 1:    //选择左屏
                                      CS1=0;
                                    CS2=1;
                                     break;

                           case 2:    //选择右屏
                                      CS1=1;
                                    CS2=0;
                                     break;
      }
```

```
}

/*
    LCD清屏函数：清屏从第一页的第一列开始
*/
void clear_screen（screen）
{
    int x， y;
    select_screen（screen）；       //screen:0-选择全屏，1-选择左半屏，2-选择右半屏
   for（x=0xb8； x<0xc0； x++）//从0xb8-0xbf，共8页
        {
            w_com（x）；
            w_com（0x40）；      //列的初始地址是0x40
            for（y=0； y<64； y++）
                {
                 w_date（0x00）；

                }
        }
}

/*
            LCD显示汉字字库函数
*/
void lcd_display_hanzi（uchar screen， uchar page， uchar col， uint mun）
{           //screen:选择屏幕参数，page:选择页参数0-3，col:选择列参数0-3，mun:显示第几个汉字的参数
    int a;
    mun=mun*32;
    select_screen（screen）；
    w_com（0xb8+（page*2））；
    w_com（0x40+（col*16））；
    for （ a=0； a<16； a++）
      {
           w_date（hanzi[mun++]）；
```

```
      }
     w_com（0xb8+（page*2）+1）；
     w_com（0x40+（col*16））；
     for（ a=0； a<16； a++）
      {
            w_date（hanzi[mun++]）；

            }
}
/*
  LCDx向上滚屏显示
*/
void lcd_rol（）
{
     int x；
     for（x=0； x<64； x++）
         {
             select_screen（0）；
             w_com（0xc0+x）；
             delayms（500）；
         }


}

/*
            LCD显示数字字库函数
*/
void lcd_display_shuzi（uchar screen， uchar page， uchar col， uchar mun）
{           //screen:选择屏幕参数，page:选择页参数0-3，col:选择列参数0-7，mun:显
示第几个汉字的参数
    int a；
     mun=mun*16；
     select_screen（screen）；
```

```
    w_com（0xb8+（page*2））；
    w_com（0x40+（col*8））；
    for （ a=0； a<8； a++）
      {
            w_date（shuzi[mun++]）；

      }
    w_com（0xb8+（page*2）+1）；
    w_com（0x40+（col*8））；
    for （ a=0； a<8； a++）
      {
                w_date（shuzi[mun++]）；

          }
}

/*
        LCD初始化函数
*/
void lcd_init（）
{
    w_com（0x3f）；              //LCD开显示
    w_com（0xc0）；              //LCD行初始地址，共64行
    w_com（0xb8）；              //LCD页初始地址，共8页
    w_com（0x40）；              //LCD列初始地址，共64列

}

/*
        LCD显示主函数
*/
void main（）
{
     lcd_init（）；                //LCD初始化
     clear_screen（0）；           //LCD清屏幕
```

```
//第一行
    lcd_display_hanzi（1，0，0，0）；              //LCD显示汉字
    lcd_display_hanzi（1，0，1，1）；              //LCD显示汉字
    lcd_display_hanzi（1，0，2，2）；              //LCD显示汉字
    lcd_display_hanzi（1，0，3，3）；              //LCD显示汉字
    lcd_display_hanzi（2，0，0，4）；              //LCD显示汉字              //
LCD字符汉字
    lcd_display_hanzi（2，0，1，5）；              //LCD显示汉字
    lcd_display_hanzi（2，0，2，6）；              //LCD显示汉字
    lcd_display_shuzi（2，0，6，10）；             //LCD显示汉字

//第二行
    lcd_display_hanzi（1，1，0，7）；              //LCD显示数字
    lcd_display_hanzi（1，1，1，8）；              //LCD显示数字
    lcd_display_hanzi（1，1，2，9）；              //LCD显示汉字
    lcd_display_hanzi（1，1，3，10）；             //LCD显示汉字

    lcd_display_hanzi（2，1，0，11）；             //LCD显示汉字
    lcd_display_hanzi（2，1，1，12）；             //LCD显示汉字
    lcd_display_hanzi（2，1，2，13）；             //LCD显示汉字
    lcd_display_shuzi（2，1，6，11）；             //LCD显示汉字

//第三行
    lcd_display_hanzi（1，2，0，14）；             //LCD显示汉字
    lcd_display_hanzi（1，2，1，15）；             //LCD显示汉字
    lcd_display_hanzi（1，2，2，16）；             //LCD显示汉字
    lcd_display_hanzi（1，2，3，17）；             //LCD显示汉字

    lcd_display_hanzi（2，2，0，18）；             //LCD显示汉字
    lcd_display_hanzi（2，2，1，19）；             //LCD显示汉字
    lcd_display_hanzi（2，2，2，20）；             //LCD显示汉字
    lcd_display_shuzi（2，2，6，10）；             //LCD显示汉字

//第四行
    lcd_display_hanzi（1，3，0，21）；             //LCD显示汉字
```

```
lcd_display_hanzi（1，3，1，22）；            //LCD显示汉字
lcd_display_hanzi（1，3，2，23）；            //LCD显示汉字
lcd_display_hanzi（1，3，3，24）；            //LCD显示汉字

lcd_display_hanzi（2，3，0，25）；            //LCD显示汉字
lcd_display_hanzi（2，3，1，26）；            //LCD显示汉字
lcd_display_hanzi（2，3，2，27）；            //LCD显示汉字
lcd_display_shuzi（2，3，6，11）；            //LCD显示汉字
while（1）
{
    //lcd_rol（）；
}
}
```

任务六　ADC0809模/数转换器基本应用技术

【任务描述】

掌握ADC0809模/数转换器的原理及应用。

【任务分析】

如图4-8所示，从ADC0809的通道IN0输入0~5V之间的模拟量，通过ADC0809转换成数字量在数码管上以十进制形式显示出来。ADC0809的VREF接+5V电压。

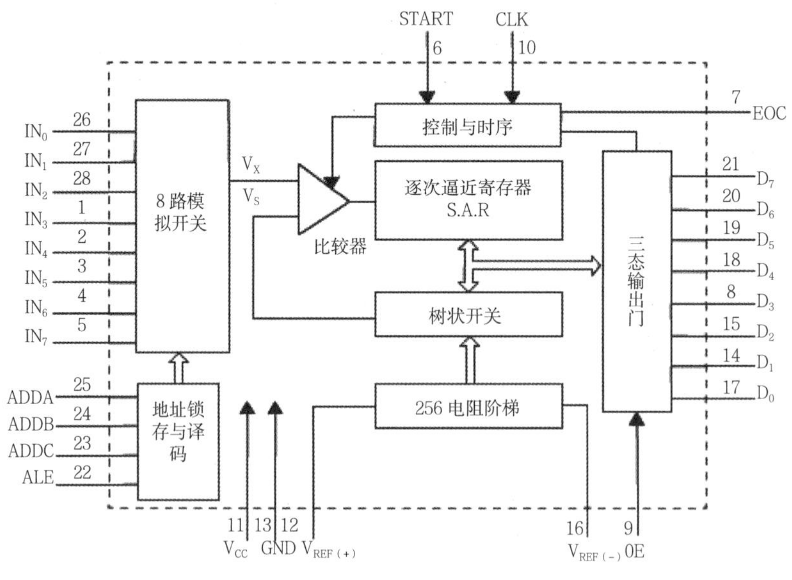

图4-8　ADC0809的内部逻辑图

【相关知识】

ADC0809是带有8位A/D转换器、8路多路开关以及微处理机兼容的控制逻辑的CMOS

组件。它是逐次逼近式A/D转换器，可以和单片机直接接口。

一、ADC0809的内部逻辑结构

ADC0809由1个8路模拟开关、1个地址锁存与译码器、1个A/D转换器和1个三态输出锁存器组成。多路开关可选通8个模拟通道，允许8路模拟量分时输入，共用A/D转换器进行转换。三态输出锁存器用于锁存A/D转换完的数字量，当OE端为高电平时，才可以从三态输出锁存器取走转换完的数据。地址锁存与译码电路完成对A、B、C 3个地址位进行锁存和译码，其译码输出用于通道选择，其转换结果通过三态输出锁存器存放、输出，因此可以直接与系统数据总线相连见表4-1。

表4-1 通道选择表

C	B	A	被选择的通道
0	0	0	IN_0
0	0	1	IN_1
0	1	0	IN_2
0	1	1	IN_3
1	0	0	IN_4
1	0	1	IN_5
1	1	0	IN_6
1	1	1	IN_7

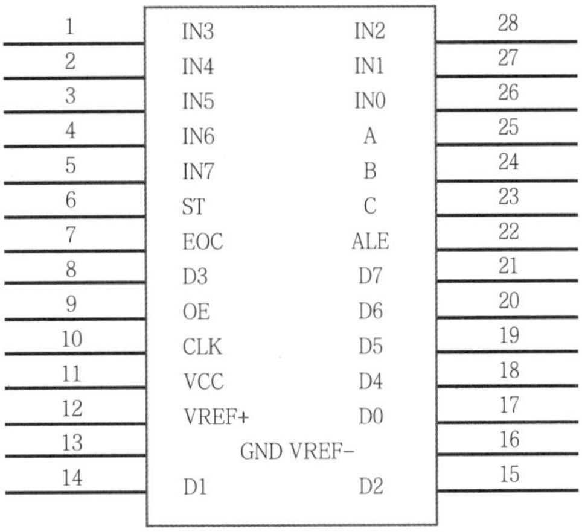

引脚	名称	名称	引脚
1	IN3	IN2	28
2	IN4	IN1	27
3	IN5	IN0	26
4	IN6	A	25
5	IN7	B	24
6	ST	C	23
7	EOC	ALE	22
8	D3	D7	21
9	OE	D6	20
10	CLK	D5	19
11	VCC	D4	18
12	VREF+	D0	17
13	GND	VREF−	16
14	D1	D2	15

图4-9 ADC0809芯片引脚结构

二、引脚结构

ADC0809芯片为28引脚双列直插式封装，其引脚排列如图4-9所示。

对于ADC0809主要信号引脚的功能说明如下：

IN7~IN0：模拟量输入通道。

ALE：地址锁存允许信号。对应ALE上跳沿，A、B、C地址状态送入地址锁存器中。

START：转换启动信号。START上升沿时，复位ADC0809；START下降沿时，启动芯片，开始进行A/D转换，在A/D转换期间，START应保持低电平。本信号有时简写为ST。

A、B、C：地址线。通道端口选择线，A为低地址，C为高地址，图中4-9为ADDA，ADDB和ADDC。

CLK：时钟信号。ADC0809的内部没有时钟电路，所需时钟信号由外界提供，因此有时钟信号引脚。通常使用频率为500KHz的时钟信号。

EOC：转换结束信号。EOC=0，正在进行转换；EOC=1，转换结束。使用中该状态信号既可作为查询的状态标志，又可作为中断请求信号使用。

D7~D0：数据输出线。为三态缓冲输出形式，可以和单片机的数据线直接相连。D0为最低位，D7为最高位。

OE：输出允许信号。用于控制三态输出锁存器向单片机输出转换得到的数据。OE=0，输出数据线呈高阻；OE=1，输出转换得到的数据。

VCC：+5V电源。

VREF：参考电源参考电压用来与输入的模拟信号进行比较，作为逐次逼近的基准。其典型值为+5V（VREF（+）=+5V，VREF（－）=－5V）。

三、ADC0809应用说明

（1）ADC0809内部带有输出锁存器，可以与AT89S51单片机直接相连。

（2）初始化时，使ST和OE信号全为低电平。

（3）送要转换的哪一通道的地址到A、B、C端口上。

（4）在ST端给出一个至少有100ns宽的正脉冲信号。

（5）是否转换完毕，我们根据EOC信号来判断。

（6）当EOC变为高电平时，这时给OE为高电平，转换的数据就输出给单片机了。

【任务实施】

如图4-10所示，从ADC0809的通道IN0输入0~5V之间的模拟量，通过ADC0809转换成数字量在数码管上以十进制形成显示出来。ADC0809的VREF接＋5V电压。

一、电路原理图

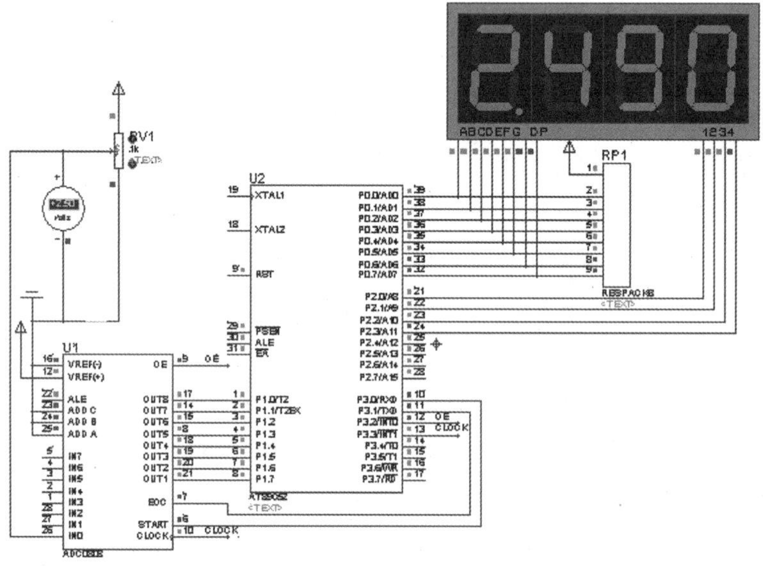

图4-10　数模转换器控制电路原理图

二、源程序

```
#include <RGE51.H>
#include <intrins.h>
#define uchar unsigned char
#define uint unsigned int
#define ulong unsigned long

/*******定义ADC0809端口**********/
```

```
sbit START = P3^0;
sbit EOC= P3^1;
sbit OE = P3^2;
sbit CLOCK = P3^3;

uchar code Tab[]={0x3F, 0x06, 0x5B, 0x4F, 0x66, 0x6D, 0x7D, 0x07, 0x7F, 0x6F};
ulong voltage;
/************************************/
void delay（uint z）
{
    uint x, y;
    for（x=z; x>0; x--）
        for（y=110; y>0; y--）;
}
/**************显示函数*****************/
void Display（uint dat） //显示的数值为毫伏
{
    uchar ge, shi, bai, qian;
    qian = dat/1000%10;
    bai = dat/100%10;
    shi = dat/10%10;
    ge = dat%10;

    P2 = 0xfe;
    P0 = Tab[qian]|0x80;    //最高位加小数点
    delay（10）;
    P2 = 0xfd;
    P0 = Tab[bai];
    delay（10）;
    P2 = 0xfb;
    P0 = Tab[shi];
    delay（10）;
    P2 = 0xf7;
    P0 = Tab[ge];
```

```
    delay（10）；
}
/***************初始化**************/
void init（）
{
    TMOD=0x02;              //T0工作方式2
    TH0=0x14;
    TL0=0x00;
    IE=0x82;                //EA=1、ET0=1
    TR0=1;                  //TCON
}
/***********获得转换结果***********/
void Get_AD_Result（）
{
    ulong ad_dat;
    START=0;
    OE=0;
    START=1;
    START=0;
    while（!EOC）；
    OE=1;
    ad_dat=P1;
    OE=0;

    voltage=ad_dat*5000/255;
}
/***********************************/
void main（）
{
    P1=0XFF;        //P口置高电平
    init（）；
    while（1）
    {
        Get_AD_Result（）；
        Display（voltage）；
```

```
    }
}
/***********中断服务函数*************/
void Timer0_INT（） interrupt 1
{
    CLOCK=!CLOCK;
}
```

任务七　ADC0809和LCD1602数字电压表的编程

【任务描述】

利用单片机设计一个数字电压表，使其能够测量0~5V之间的直流电压值。

【任务分析】

外界电压模拟量输入到A/D转换部分的输入端，通过A/D转换变为数字信号，输送给单片机。然后由单片机给数码管数字信号，控制其发光，从而显示数字。

【任务实施】

用ACD0809和LCD1602制作一个5V量程的数字电压表，精度0.05V。

一、电路原理图

数字电压表电路原理图如图4-11所示。

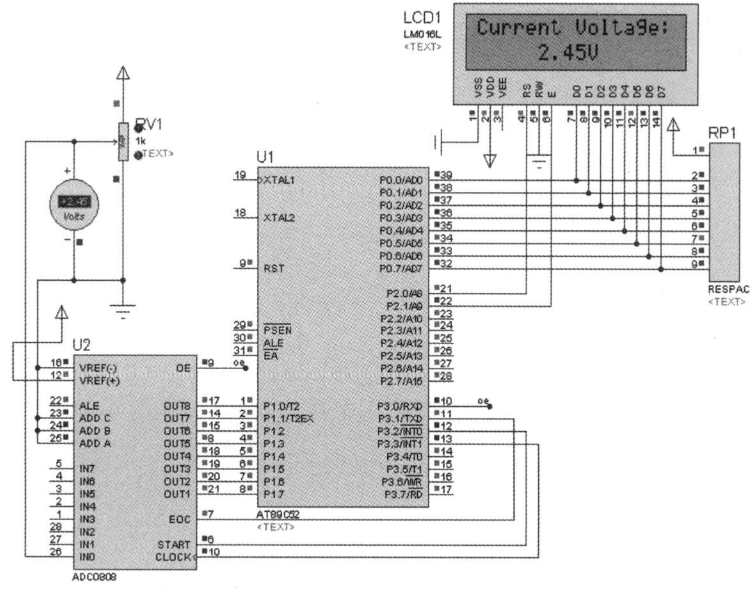

图4-11　数字电压表电路原理图

二、源程序

```
#include<RGE51.H>
#include<intrins.h>
```

```
#define uchar unsigned char
#define uint unsigned int
/*******定义ADC0809端口************/
sbit CLOCK=P3^3;
sbit START=P3^2;
sbit EOC=P3^1 ;
sbit OE=P3^0;

/*********定义LCD1602端口**********/
sbit RS=P2^0;
sbit E=P2^1;

uchar code tab[]=”Current Voltage:”；  //第一行显示
uchar code table[]={‘0’，’1’，’2’，’3’，’4’，’5’，
                   ‘6’，’7’，’8’，’9’，0x2e，0x56}；  //0-9
long voltage；  //电压
/*****************延时函数*******************/
void delay（uint ms）
{
   uint i;
   for（; ms>0； ms--）
         for（i=120； i>0； i--）；
}
/*****************写指令到LCD******************/
void write_com（uchar com）
{
   RS=0;
   P0=com;           //指令写到P0口
   delay（1）；
   E=1;
   delay（1）；
   E=0;
}
/***************写数据到LCD********************/
void write_data（uchar date）
```

```
{
    RS=1;
    P0=date;    //数据写到P0口
    delay（1）;
    E=1;
    delay（1）;
    E=0;
}
/***************显示函数***************/
void display（）
{
    uchar i;
    uchar bai, shi, ge;  //电压分解
    bai=voltage/100;
    shi=voltage%100/10;
    ge=voltage%100%10;

    for（i=0; i<sizeof（tab）-1; i++）
    {
        write_com（0x80+i）;
        write_data（tab[i]）;
    }
        write_com（0xc5）;  //0x80+0x40+0x05 第5列
        write_data（table[bai]）;
        write_data（table[10]）;   //小数点儿
        write_data（table[shi]）;
        write_data（table[ge]）;
        write_data（table[11]）;   //字母V
}
/*************初始化**********************/
void init（）
{
    write_com（0x38）;
    write_com（0x0c）;
    write_com（0x06）;
```

```
    write_com（0x01）；  //数据指针清零，所有显示清零
    P1=0XFF;              //P口置高电平
    TMOD=0x02;           //T0工作方式2
    TH0=0x14;
    TL0=0x00;
    IE=0x82;              //EA=1、ET0=1
    TR0=1;                //TCON
}
/***************获得AD转换结果*****************/
void Get_AD_Result（）
{
    long ad_data;  //转换数据
    START=0;
    OE=0;
    START=1;
    START=0;
    while（!EOC）；
    OE=1;
    ad_data=P1;
    OE=0;
    voltage=ad_data*500/255;  //获取AD转换值，最大255对应最高电压5.00V
                              //本例中使用3个数位，故使用500
}
/**************主函数******************/
void main（）
{
    init（）；
    while（1）
    {
        Get_AD_Result（）；
        display（）；
    }
}
/************中断服务函数***************/
void Timer0_INT（） interrupt 1
```

```
{
   CLOCK=!CLOCK;
}
```

任务八　ADC0832串行模数转换器演示实验

【任务描述】

了解模数转换原理和模数转换过程。

【相关知识】

在众多计算机数据采集装置中，目前大多采用并行A/D模数转换器。并行A/D器件的优点是转换速度快、占用CPU工作时间少，但是芯片引脚多，接口线路复杂，接口引线不易延长。而串行模数转换器则恰恰相反，因而在中、低速测控系统中得到广泛应用。

ADC0832 是美国国家半导体公司生产的一种8位分辨率、双通道A/D转换芯片。由于它体积小、兼容性强、性价比高而深受单片机爱好者及企业欢迎，其目前已经有很高的普及率。学习并使用ADC0832 可使我们了解A/D转换器的原理，有助于我们单片机技术水平的提高。

ADC0832 具有以下特点：

（1）8位分辨率。

（2）双通道A/D转换。

（3）输入、输出电平与TTL/CMOS相兼容。

（4）5V电源供电时输入电压在0~5V之间。

（5）工作频率为250kHz，转换时间为32μs。

（6）一般功耗仅为15mW。

（7）8P、14P–DIP（双列直插）、PICC 多种封装。

（8）商用级芯片温宽为0 ~70℃，工业级芯片温宽为–40~85℃。

（一）芯片管脚排列图

芯片管脚排列如图4–12所示，芯片接口说明如下。

ADCO832　2–Channel MUX
Dual–In–Line Package（N）

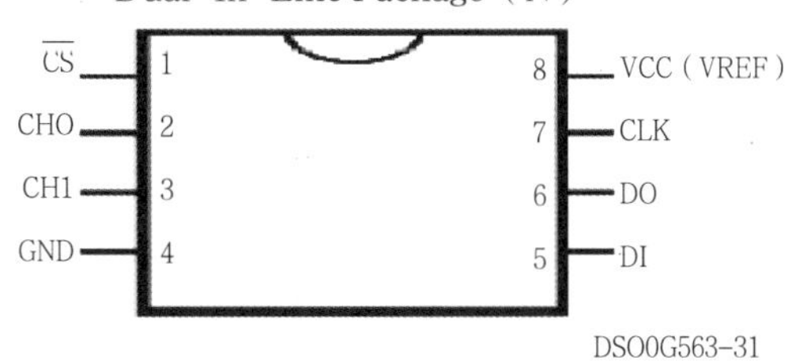

COM internally connected to GND.
VREF internally connected to VCC.
Top View

图4–12　芯片管脚排列图

（1）CS_ 片选使能，低电平芯片使能。

（2）CH0 模拟输入通道0，或作为IN+/–使用。

（3）CH1 模拟输入通道1，或作为IN+/–使用。

（4）GND 芯片参考0 电位（地）。

（5）DI 数据信号输入，选择通道控制。

（6）DO 数据信号输出，转换数据输出。

（7）CLK 芯片时钟输入。

（8）VCC/REF 电源输入及参考电压输入（复用）。

（二）通道地址设置

当此2 位数据为“1”和“0”时，只对CH0 进行单通道转换。当2位数据为“1”和“1”时，只对CH1进行单通道转换。当2 位数据为“0”和“0”时，将CH0作为正输入端IN+，CH1作为负输入端IN–进行输入。当2 位数据为“0”和“1”时，将CH0作为负输入端IN–，CH1 作为正输入端IN+进行输入，具体见表4–2。

表4–2　通道地址设置表

通道地址				工作方式说明
SGL/DIF	ODD/SIGN	CH0	CHI	
0	0	+	–	差分方式
0	1	–	+	
1	0	+		单端输入方式
1	1		+	

（三）时序图

正常情况下ADC0832与单片机的接口应为4条数据线，分别是CS、CLK、DO、DI。如果单片机的端口紧张可以将DO和DI并联在一起。

当ADC0832未工作时，其CS输入端应为高电平，此时芯片禁用，CLK和DO/DI的电平可任意。当要进行A/D转换时，须先将CS使能端置于低电平并且保持低电平走到转换完全结束。此时芯片开始转换工作，同时由处理器向芯片时钟输入端CLK输入时钟脉冲，DO/DI端则使用DI端输入通道功能选择的数据信号。在第1个时钟脉冲下沉之前，DI端必须是高电平，表示起始信号。在第2、3个脉冲下沉之前，DI端应输入2位数据用于选择通道功能。到第3个脉冲的下沉之后，DI端的输入电平就失去输入作用，此后DO/DI端则开始，利用数据输出DO进行转换数据的读取。从第4个脉冲下沉开始，由DO端输出转换数据最高位DATA7，随后每一个脉冲下沉，DO端输出下一位数据。直到第11个脉冲时发出最低位数据DATA0，一个字节的数据输出完成。也正是从此位开始输出下一个相反字节的数据，即从第11个字节的下沉输出DATD0。随后输出8位数据，到第19 个脉冲时数据输出完成，也标志着一次A/D转换的结束。最后将CS置高电平禁用芯片，直接将转换后的数据进行处理就可以了。更详细的时序说明如图4–13所示。

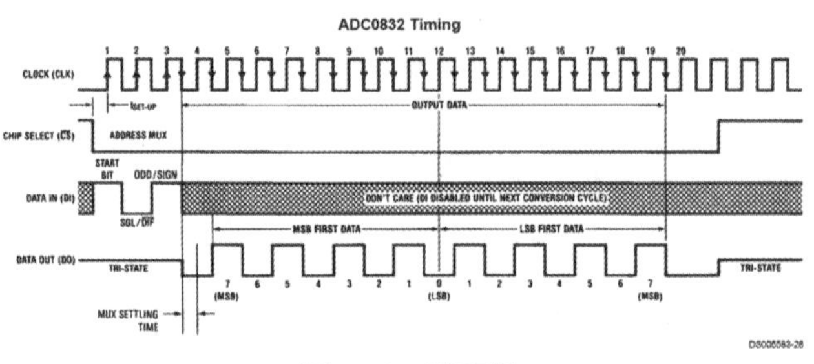

图4–13　时序图

【任务实施】

一、电路原理图

串行模数转换器电路原理图如图4-14所示。

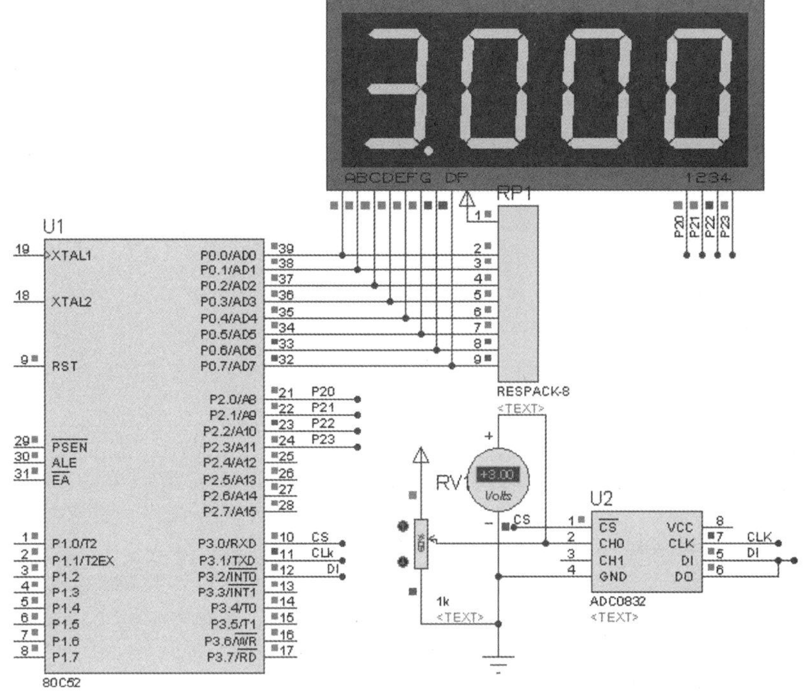

图4-14　串行模数转换器电路原理图

二、源程序

```
#include <REG51.H>
#include <intrins.h>
#define uchar unsigned char
#define uint unsigned int
#define delayNOP（）；  {_nop_（）；  _nop_（）；  }；
uchar code Tab[]={0x3F， 0x06， 0x5B， 0x4F， 0x66， 0x6D， 0x7D， 0x07， 0x7F，
0x6F}；
uint adval；
/*******定义ADC0832端口**********/
sbit CS = P3^0；
sbit CLK= P3^1；
sbit DIO= P3^2；

/***********延时函数*****************/
void delay（uint z）
```

```
{
    uint x, y;
    for (x=z; x>0; x--)
          for (y=110; y>0; y--) ;
}
/***********产生下降沿***************/
void DOWN ()
{
    CLK=1;
    delayNOP () ;
    CLK=0;
    delayNOP () ;
}
/**************显示函数*****************/
void Display (uint dat) //显示的数值为毫伏
{
    uchar ge, shi, bai, qian;
    qian = dat/1000%10;
    bai = dat/100%10;
    shi = dat/10%10;
    ge = dat%10;

    P2 = 0xfe; P0 = Tab[qian]|0x80; delay (10) ;
    P2 = 0xfd; P0 = Tab[bai]; delay (10) ;
    P2 = 0xfb; P0 = Tab[shi]; delay (10) ;
    P2 = 0xf7; P0 = Tab[ge]; delay (10) ;
}
/****************************************/
uchar ADC0832 (bit mode, bit channel)      //AD转换，返回结果
{
    uchar i, dat, ndat;

    CS = 0; //拉低CS端
    DIO = 1;          //第1个下降沿为高电平
    DOWN () ;
```

```
    DIO = mode;    //低电平为差分模式，高电平为单通道模式。
    DOWN（）;
    DIO = channel;            //低电平为CH0，高电平为CH1
    DOWN（）;
    DIO= 1;  //控制命令结束（经试验必需）
    dat = 0;
    //下面开始读取转换后的数据，从最高位开始依次输出（D7~D0）
    for（i = 0;  i < 8;  i++）
    {
        dat <<= 1;
        DOWN（）;
        dat |= DIO;
    }
    ndat = 0;            //记录D0
    if（DIO == 1）
    ndat |= 0x80;
    //下面开始继续读取反序的数据（D1~D7）
    for（i = 0;  i < 7;  i++）
    {
        ndat >>= 1;
        DOWN（）;
        if（DIO==1）
        ndat |= 0x80;
    }
    CS=1; //拉高CS端，结束转换
    CLK=0; //拉低CLK端
    DIO=1; //拉高数据端，回到初始状态
    if（dat==ndat）
    return（dat）;
    else
    return 0;
}
/*****************************************/
void main（）
{
```

```
    uint adc;
    while (1)
    {
        adc=ADC0832 (1, 0) ;    //选择通道CH0
        adc=adc*19.607843;
        Display (adc) ;
    }
}
```

ADC0809与DAC0832模数转换器的使用

【相关知识】

DAC0832结构如图4-15所示，具有以下特点：

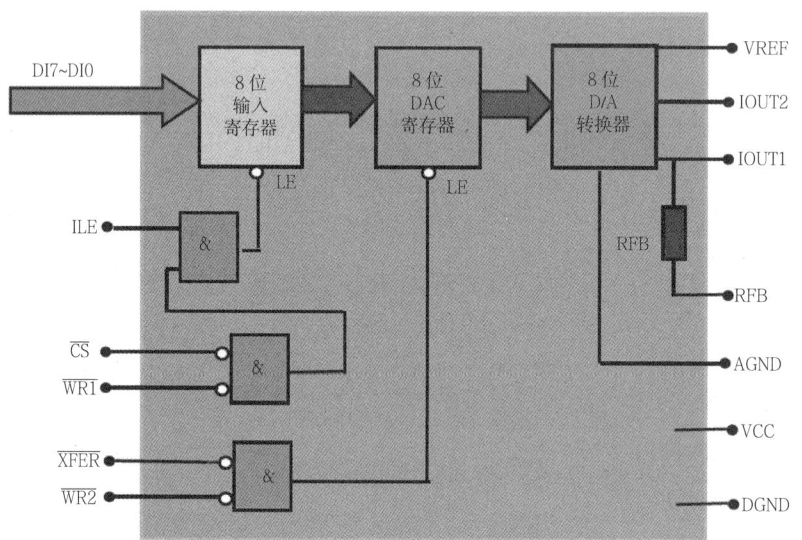

图4-15　DAC0832结构图

（1）引脚和逻辑结构：20个引脚、双列直插式。

（2）VCC：芯片电源电压，+5~+15V。

（3）VREF：参考电压，-10~+10V。

（4）RFB：反馈电阻引出端，此端可接运算放大器输出端。

（5）AGND：模拟信号地。

（6）DGND：数字信号地。

（7）DI0~DI7：数字量输入信号。其中，DI0为最低位，DI7为最高位。

（8）ILE：输入锁存允许信号，高电平有效。

（9）CS：片选信号，低电平有效。

（10）WR1：写信号1，低电平有效。

（11）XFER：转移控制信号，低电平有效。

（12）WR2：写信号2，低电平有效。

（13）IOUT1：模拟电流输出端1。当输入数字为全“1”时，输出电流最大，全“0”时，输出电流为0。

IOUT2：模拟电流输出端2。

IOUT1 + I OUT2 = 常数

【任务实施】

一、实验任务

用ADC0809测量电压并显示，并通过DAC0832输出相同的电压。

二、电路原理图

模数转换器电路原理图如图4-16所示。

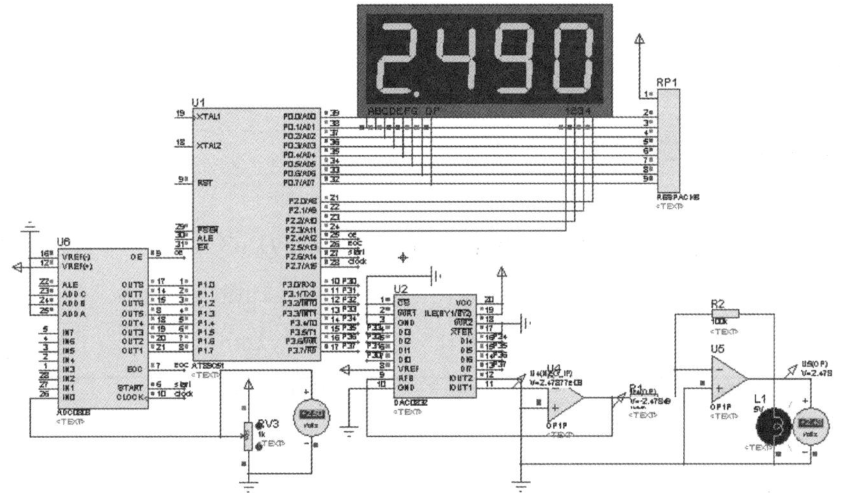

图4-16　模数转换器电路原理图

三、源程序

```
//本程序功能：用ADC0809测量电压并显示，并通过DAC0832输出相同的电压
#include <REGX51.H>
#include <intrins.h>
#define uchar unsigned char
#define uint unsigned int
#define ulong unsigned long
sbit OE = P2^4;
sbit EOC = P2^5;
sbit START = P2^6;
sbit CLOCK=P2^7;
ulong ad_data;
```

```
ulong voltage;
uchar ge, shi, bai, qian;

uchar code Tab[]={0x3F, 0x06, 0x5B, 0x4F, 0x66, 0x6D, 0x7D, 0x07, 0x7F,
0x6F};
/*****************************************************************/
void Delay1mS (uint tt)
{
   uchar i;
   while (tt--)
   for (i=113; i>0; i--)
        ;
}
/****************************************/
void Display () //显示的数值为毫伏
{
   P2 = P2&0xf0|0x07;  P0 = Tab[qian]|0x80;  Delay1mS (1) ;  //最高位加小数点
   P2 = P2&0xf0|0x0b;  P0 = Tab[bai];        Delay1mS (1) ;
   P2 = P2&0xf0|0x0d;  P0 = Tab[shi];        Delay1mS (1) ;
   P2 = P2&0xf0|0x0e;  P0 = Tab[ge];         Delay1mS (1) ;
}
/****************************************/
void adc0809 ()
{
   P1=0XFF;
   START=0;
   OE=0;
   START=1;
   _nop_ () ;
   _nop_ () ;
   START=0;
   while (!EOC) ;
   OE=1;
   ad_data=P1;
   OE=0;
```

```
    voltage=ad_data*5000/255;  //四位有效数字
    qian=voltage/1000%10;
    bai=voltage/100%10;
    shi=voltage/10%10;
    ge=voltage%10;
}
/***********************************************/
void init ()
{
    TMOD=0x02;              //T0工作方式2
    TH0=0xF6;
    TL0=0x00;
    IE=0x82;
    TR0=1;                  //TCON
}
/*************************************/
void main ()
{
    init () ;
    while (1)
    {
        adc0809 () ;
        P3=ad_data;
        Display () ;
    }
}
/**************************************/
void Timer0_INT () interrupt 1
{
    CLOCK=!CLOCK;
}
```

DAC0808数模转换器的使用

【相关知识】

DAC0808为采用电流输出的不带锁存器的8位D/A转换器。其精度为 8位，建立时间为 150 ns。当数据写入数据锁存器后，运算放大器输出的模拟电压也随之变化。图4-17所示是其引脚图。

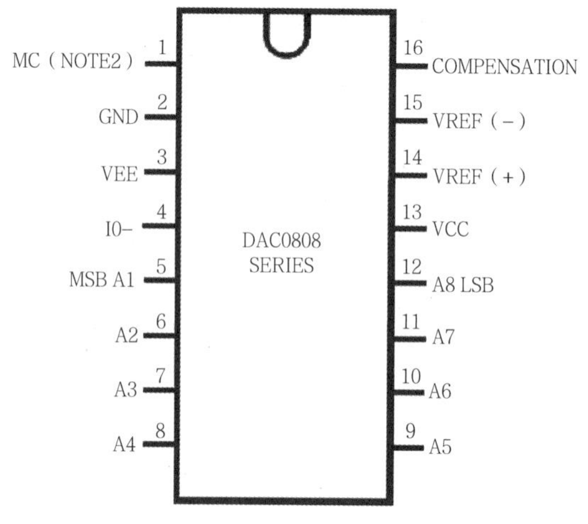

图4-17　DAC0808引脚图

【任务实施】

一、实验任务

使用ADC0831，通过P0口把模拟电压转化为数字电压，再通过P1口应用DAC0808，把数字电压转化为模拟电压。

二、电路原理图

数模转换器电路原理图如图4-18所示。

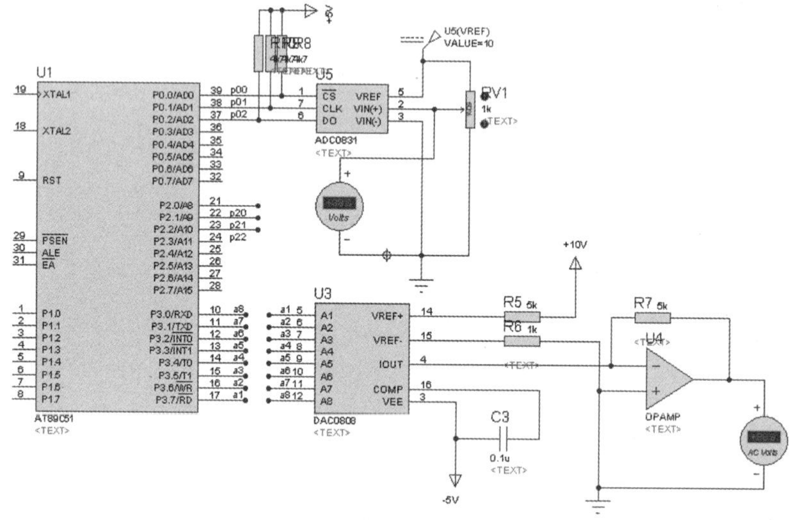

图4-18　数模转换器电路原理图

三、源程序

```
#include <absacc.h>
#include <intrins.h>
#include <REG51.H>
#define uchar unsigned char
sbit adccs=P0^0;
sbit adcclk=P0^1;
sbit adcdo=P0^2;
uchar bdata ch;
sbit ch_0 = ch^0;
/********检测*********/
```

```
void adcck（void）
{
    adcclk=1;
    _nop_（）；
    adcclk=0;
    _nop_（）；
}
/********转换*********/
uchar readadc（void）
{
   uchar i;
   ch=0;
   adccs=0;
   adcck（）；
   while（adcdo）；
   for（i=0; i<8; i++）
   {
           adcck（）；
           ch <<= 1;
         ch_0 = adcdo;
   }
   adccs=1;
   return（ch）；
}
/********主函数*********/
void main（）
{
    P3=readadc（）；
}
```

DAC0832数模转换器的使用

【相关知识】

DAC0832结构如图4-19所示，具有以下特点：

（1）引脚和逻辑结构：20个引脚、双列直插式。

（2）VCC：芯片电源电压，+5~+15V。

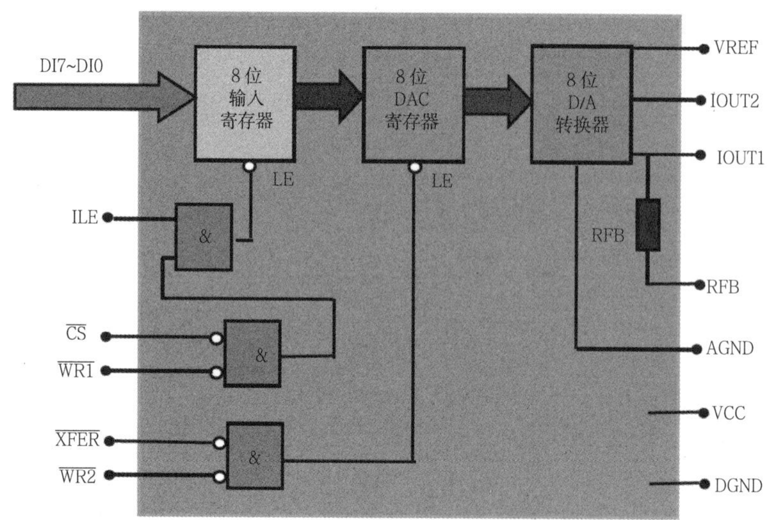

图4-19　DAC0832结构图

（3）VREF：参考电压，-10~+10V。

（4）RFB：反馈电阻引出端，此端可接运算放大器输出端。

（5）AGND：模拟信号地。

（6）DGND：数字信号地。

（7）DI0~ DI7：数字量输入信号，其中，DI0为最低位，DI7为最高位。

（8）ILE：输入锁存允许信号，高电平有效。

（9）CS：片选信号，低电平有效。

（10）WR1：写信号1，低电平有效。

（11）XFER：转移控制信号，低电平有效。

（12）WR2：写信号2，低电平有效。

（13）IOUT1：模拟电流输出端1。当输入数字为全“1”时，输出电流最大，为全“0”时，输出电流为0。

IOUT2：模拟电流输出端2。

IOUT1 + I OUT2 = 常数

【任务实施】

一、实验任务

DAC0832接P0口，把二进制数i送P0口，i为0~255变化，通过DAC0832把输入的二进制数转换成模拟量（电流），最后通过集成运算放大器把微弱的电流转换成电压，由灯泡的亮度反映出来。

二、电路原理图

数模转换器电路原理图如图4-20所示。

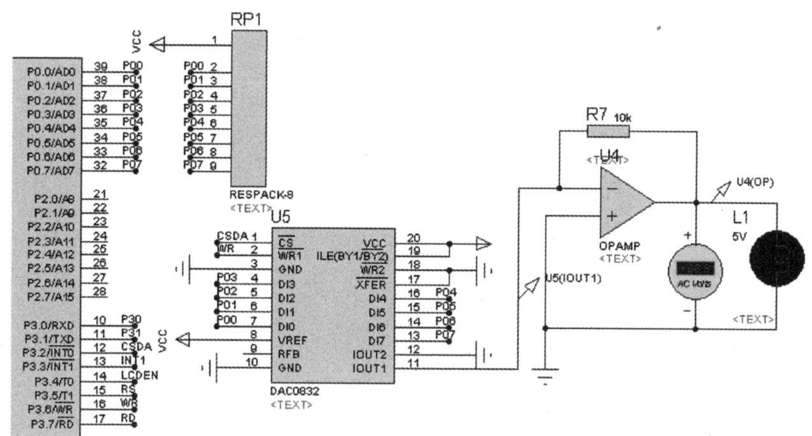

图4-20　数模转换器电路原理图

三、源程序

```
#include <REG52.H>
#define uchar unsigned char
#define uint unsigned int
sbit csda=P3^2;
sbit wr=P3^6;
/*****************************/
void delay（）
{
    uint i, j;
    for（i=0; i<100; i++）
    for（j=0; j<120; j++）;
}
/*****************************/
void main（）
{
uchar i;
    csda=0;
    wr=0;
    while（1）
    {
            for（i=0; i<255; i++）
            {
                P0=i;
                delay（）;
```

```
            }
        }
    }
```

任务九　I2C串行接口器件演示实验

【任务描述】

掌握AT24CXX接口器件的性能特点及应用。

【任务分析】

从AT24C02C中读出内容到LM016L液晶显示器中。

【相关知识】

AT24CXX的性能特点

AT24CXX系列内存是Atmel公司生产的高集成度串行EEPROM，可进行电擦除，提供的接口形式是I2C。普通的AT24CXX封装是DIP-8形式，如图4-21所示。

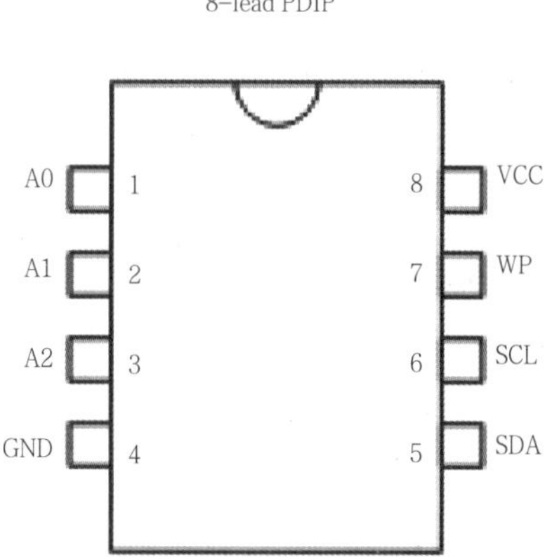

图4-21　AT24CXX引脚图

引脚定义：

（1）VCC：电源。

（2）SCL（Serial Clock）：串行时钟。在时钟的上升沿，数据写入EEPROM；在时钟的下降沿，数据从EEPROM被读出。

（3）SDA（Serial Data）：双向数据端口。这是一个漏极开路的引脚，满足“线与”的条件，在使用过程中需要加上拉电阻（典型值：100kHz时为10K，400kHz时为1K）。

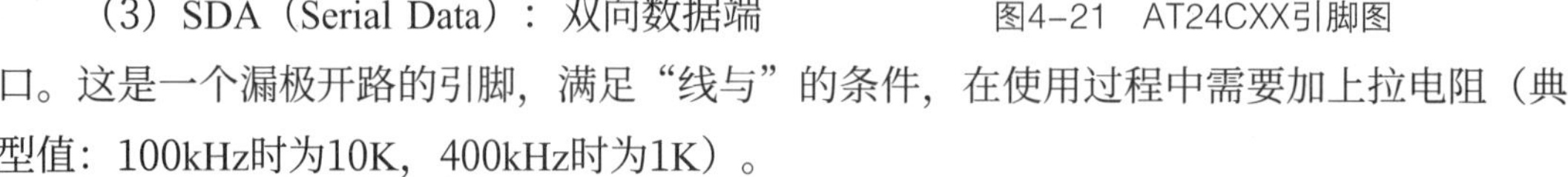

（4）A0、A1、A2：地址输入端口。这些输入端用于多个器件级联时设置器件地址，当这些脚悬空时，默认值为0（AT24C01除外）。

（5）WP（Write Protect）：写保护。当该引脚连接到GND或悬空时，芯片可以进行正常的读/写操作；当连接到VCC时，则所有的内容都被写保护（只能读）。

（6）GND：地。

【任务实施】

一、电路原理图

I2C串行通信电路原理图如图4-22所示。

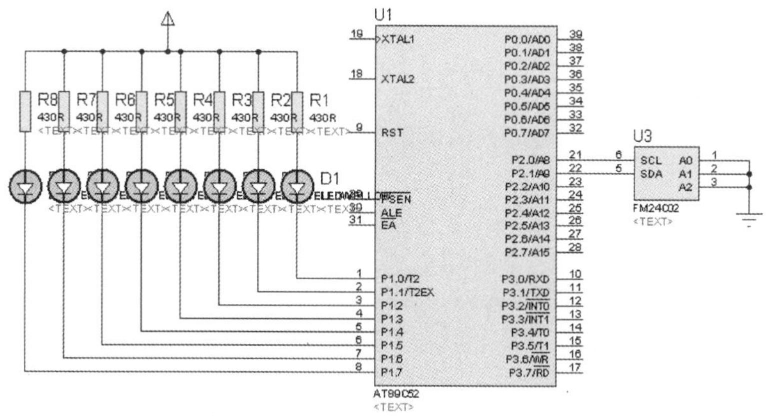

图4-22　12C串行通信电路原理图

二、源程序

```
#include<REGX52.H>
#define uchar unsigned char
#define uint unsigned int
sbit SCL=P2^0；  sbit SDA=P2^1；
//*********************************
void delay（uint k）                //延时毫秒
{
   uint i，j；
   for（i=0； i<k； i++）
        for（j=0； j<121； j++）；
}
//*********************************
void init（）
{
   SCL=1；
   SDA–1；
}
void start（） //开始
{
   SDA=1；
   SCL=1；
   SDA=0；
}
//***********************************
```

```
void stop（）  //停止
{
    SDA=0;
    SCL=1;
    SDA=1;
}
//************************************
void respons（）  //应答
{
    uchar i;
    SCL=1;
    while（（SDA==1）&&（i++<250））;
    SCL=0;
}
//************************************
void write_byte（uchar dat）          //写一个字节数据
{
    uchar i, temp;  temp=dat;
    for（i=0;  i<8;  i++）
    {
        temp=temp<<1;
        SCL=0;
        SDA=CY;
        SCL=1;
    }
    SCL=0;
    SDA=1;
}
//**********************************
uchar read_byte（）  //读一个字节的数据
{
    uchar i, dat;
    SCL=0;
    SDA=1;
    for（i=0;  i<8;  i++）
```

```
    {
        SCL=1;
        dat= (dat<<1) |SDA;
        SCL=0;
    }
    return dat;
}
//写地址和数据
void write_add (uchar address, uchar dat)
{
    start () ;
    write_byte (0xa0) ;
    respons () ;
    write_byte (address) ;
    respons () ;
    write_byte (dat) ;
    respons () ;
    stop () ;
}
//读地址里的内容
uchar read_add (uchar address)
{
    uchar dat;
    start () ;
    write_byte (0xa0) ;
    respons () ;
    write_byte (address) ;
    respons () ;
    start () ;
    write_byte (0xa1) ;
    respons () ;
    dat=read_byte () ;
    stop () ;
    return dat;
}
```

```
//******************************
void main ()
{
    init () ;
    write_add (0, 0xaa) ;  //写在地址0处
    delay (11) ;           //最小延时
    P1=read_add (0) ;
}
```

任务十　DS18B20数字温度计的使用的编程

【任务描述】

掌握DS18B20数字温度计的原理及应用。

【任务分析】

用一片DS18B20构成测温系统，测量的温度精度达到1℃，用LM016L液晶显示器显示出来。

【相关知识】

DS18B20数字温度计是DALLAS公司生产的1-Wire，即单总线器件，具有线路简单、体积小的特点。在一根通信线上，可以挂很多这样的数字温度计，十分方便。

一、DS18B20产品的特点

(1) 只要求一个端口即可实现通信。

(2) 在DS18B20中的每个器件上都有独一无二的序列号。

(3) 实际应用中不需要外部任何元器件即可实现测温。

(4) 测量温度范围为-55~125℃。

(5) 数字温度计的分辨率可以从9位到12位。

(6) 内部有温度上、下限告警设置。

二、DS18B20的引脚介绍

TO-92封装的DS18B20的引脚排列如图4-23所示，其引脚功能描述见表4-3。

图4-23（底视图）

表4-3　DS18B20详细引脚功能描述

序号	名称	引脚功能描述
1	GND	地信号
2	DQ	数据输入/输出引脚。开漏单总线接口引脚。当被用着在寄生电源下，也可以向器件提供电源
3	VDD	可选择的 VDD 引脚。当工作于寄生电源时，此引脚必须接地

三、DS18B20的使用方法

由于DS18B20采用的是1-Wire总线协议方式，即在一根数据线实现数据的双向传输，而对于AT89S51单片机来说，硬件上并不支持单总线协议，因此，我们必须采用软件的方法来模拟单总线的协议时序来完成对DS18B20芯片的访问。

【任务实施】

一、电路原理图

数字温度计电路原理图如图4-24所示。

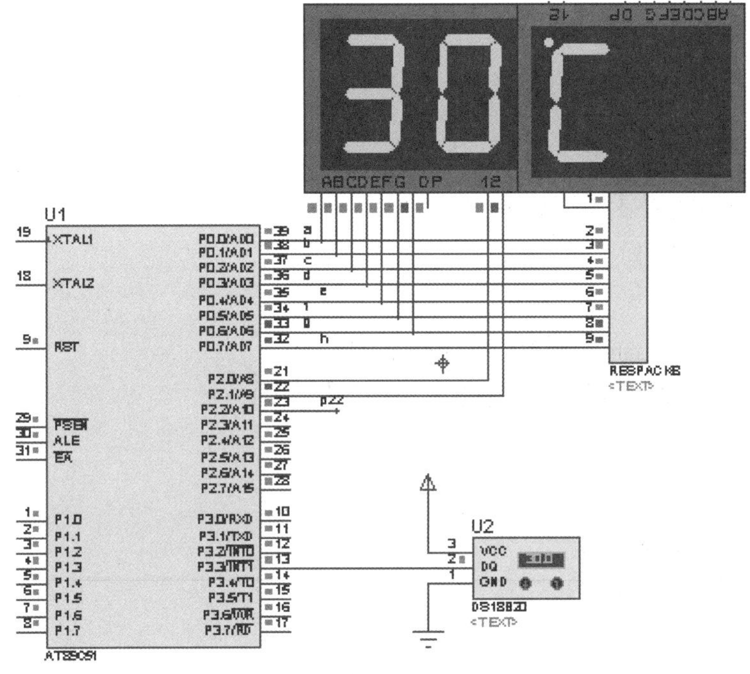

图4-24　数字温度计电路原理图

二、源程序

```
#include<REG51.H>
#define uchar unsigned char
#define uint unsigned int
uchar code tab[]={0x3f, 0x06, 0x5b, 0x4f, 0x66,
                  0x6d, 0x7d, 0x07, 0x7f, 0x6f};
sbit DQ=P3^3;
/*********延时*********/
void delayfor（uchar i）
{
      for（i; i>0; i--）;
}
```

```
/*********延时11μs**********/
void delay11us（uint k）
{
    while（k--）；
}
/***********延时1ms************/
void delay1ms（uint k）
{
    k=k*125;
    while（k--）；
}
/*********数码管显示子程序*********/
void display（uint k）
{
    P2=0xfe； P0=tab[k/1000]； delay1ms（8）；
    P2=0xfd； P0=tab[k%1000/100]； delay1ms（8）；
    P2=0xff;
}
/*******ds18b20初始化*******/
void ds18b20_init（void）
{
     DQ=1;                          //DQ先置高
     delayfor（8）；
     DQ=0;                          //发送复位脉冲
     delayfor（70）；        //延时（>480ms）
     DQ=1;                          //拉高数据线
     delayfor（25）；        //等待（15~60ms）
}
/*******ds18b20读一个字节******/
uchar ds18b20_readchar（void）
{
    uchar i=0;
    uchar dat = 0;
    for（i=8； i>0； i--）
     {
```

```
        DQ = 0;  // 给脉冲信号
        dat>>=1;
        DQ = 1;  // 给脉冲信号
        if (DQ)
        dat|=0x80;
        delay11us (10) ;
    }
    return (dat) ;
}
/******ds18b20写一个字节******/
ds18b20_writechar (uchar dat)
{
    uchar i=0;
    for (i=8;  i>0;  i--)
    {
    DQ = 0;
    DQ = dat&0x01;
    delay11us (10) ;
    DQ = 1;
    dat>>=1;
    }
}
/********读出温度********/
uint readtemperature (void)
{
    uchar a,  b;
    uint  t=0;
    ds18b20_init () ;                //初始化
    ds18b20_writechar (0xCC) ;  // 跳过读序号列号的操作
    ds18b20_writechar (0x44) ;  // 启动温度转换
    delay11us (100) ;                //转换需要一点时间，延时
    ds18b20_init () ;                //初始化
    ds18b20_writechar (0xCC) ;  //跳过读序号列号的操作
    ds18b20_writechar (0xBE) ;  //读取温度寄存器等（共可读9个寄存器）前2个就
                                是温度的低位和高位
```

```
    a=ds18b20_readchar（）；          //读出温度的低位
    b=ds18b20_readchar（）；          //读出温度的高位
    t=（b*256+a）*6.25;               //转换成实际温度
    return（t）；
}
/********主程序**********/
void main（）
{
    float i;
    while（1）
    {
        i=readtemperature（）；
        display（i）；
    }
}
```

任务十一　DS1302时钟的编程

【任务描述】

掌握实时时钟电路DS1302的原理及应用。

【任务分析】

利用DS1302和LCD1602液晶显示器制作一个时钟。

【相关知识】

DS1302是美国DALLAS公司推出的一种高性能、低功耗、带RAM的实时时钟电路，它可以对年、月、日、时、分、秒进行计时，具有闰年补偿功能，工作电压为2.5~5.5V。采用三线接口与CPU进行同步通信，并可采用突发方式一次传送多个字节的时钟信号或RAM数据。DS1302引脚图如图4-25所示。

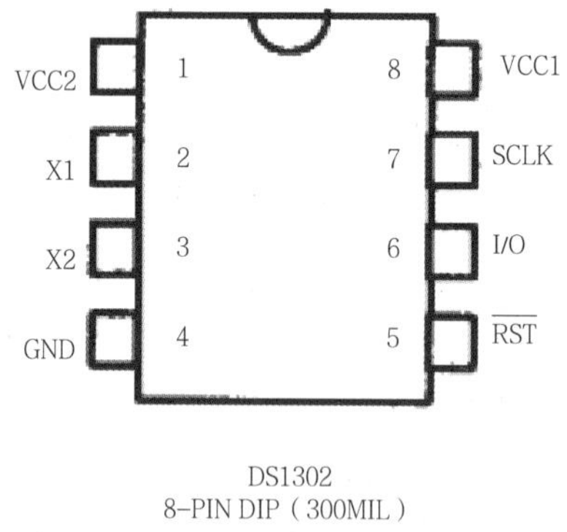

图4-25　DS1302引脚图

【任务实施】

一、电路原理图

数字时钟电路原理图如图4-26所示。

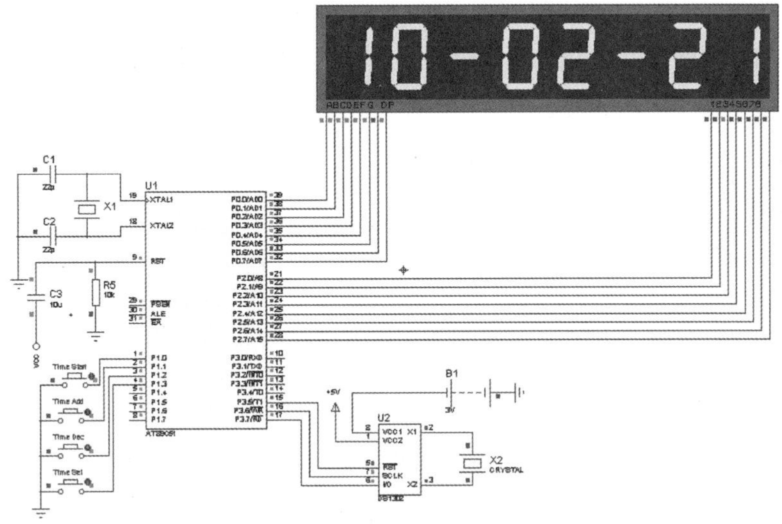

图4-26　数字时钟电路原理图

二、源程序

```
/************************包含头文件*******************************/
#include "REG51.H"
#define uchar unsigned char
#define uint unsigned int
uchar second, minute, hour, week, day, month, year;
/*************************端口定义*********************************/
sbit IO  = P1^0;
sbit CLK = P1^1;
sbit RST = P1^2;
uchar code tab[]={0x3F, 0x06, 0x5B, 0x4F, 0x66, 0x6D, 0x7D, 0x07, 0x7F,
0x6F};
uchar time[]={0x10, 0x02, 0x14, 0x03, 0x08, 0x18, 0x00};   //预置
/************延时程序**************/
void Delayms (uint ms) //延时------------
{
   uchar i;
   while (ms--)
   for (i=0; i<120; i++) ;
}
```

```
/*********************************************************************
函数功能:向DS1302送一字节数据子程序
入口参数:
出口参数:
*********************************************************************/
void inputbyte（uchar byte1）
{
      uchar i;
      for（i=8; i>0; i--）
      {
                IO=（bit）（byte1&0x01）;
                CLK=1;
                CLK=0;
                byte1>>=1;
    }
    return;
}
/*********************************************************************
函数功能:读DS1302一个字节子程序
入口参数:
出口参数:
*********************************************************************/
uchar outputbyte（void）
{
    uchar i;
    uchar ucdat=0;
    for（i=8; i>0; i--）
    {
                IO=1;
                ucdat>>=1;
                if（IO）ucdat|=0x80;
                CLK=1;
                CLK=0;
    }
    return（ucdat）;
```

```
}
/*********************************************************************
函数功能:向DS1302某地址写一字节数据子程序
入口参数:addr， TDat
出口参数:
*********************************************************************/
void write_ds1302（uchar addr， uchar dat）
{
    RST=0;
    CLK=0;
    RST=1;
    inputbyte（addr）;
    inputbyte（dat）;
    CLK=1;
    RST=0;
}
/*********************************************************************
函数功能:读DS1302地址子程序
入口参数:add
出口参数:timedata
*********************************************************************/
uchar read_ds1302（uchar addr）
{
    uchar timedata;
    RST=0;
    CLK=0;
    RST=1;
    inputbyte（addr）;
    timedata=outputbyte（）;
    CLK=1;
    RST=0;
    return（timedata）;
}
/*********************************************************************
函数功能:初始化DS1302子程序
```

```
入口参数:time[]（全局变量）
出口参数:
*********************************************************************/
void initial_ds1302（）
{
    write_ds1302（0x8e，0x00）；//写保护寄存器，在对时钟或RAM写前WP一定要为0
    write_ds1302（0x8c，time[0]）；    //06年
    write_ds1302（0x88，time[1]）；    //03月
    write_ds1302（0x86，time[2]）；    //14日
    write_ds1302（0x8A，time[3]）；    //星期
    write_ds1302（0x84，time[4]）；    //时
    write_ds1302（0x82，time[5]）；    //分
    write_ds1302（0x80，time[6]）；    //秒
    write_ds1302（0x8e，0x80）；       //写保护寄存器
}
/*********************************************************************
函数功能:读DS1302时间子程序
入口参数:
出口参数:全局变量（second，minute，hour，week，day，month，year）
*********************************************************************/
void read_time（）
{

    second=read_ds1302（0x81）；    //秒寄存器
    minute=read_ds1302（0x83）；    //分
    hour=read_ds1302（0x85）；        //时
    week=read_ds1302（0x8B）；        //星期
    day=read_ds1302（0x87）；      //日
    month=read_ds1302（0x89）；       //月
    year=read_ds1302（0x8d）；        //年
}
/**********显示时间***********/
void display（void）
{
    P2=0xfe；P0=tab[hour/16]；Delayms（1）；
```

```
    P2=0xfd; P0=tab[hour%16]; Delayms（1）;
    P2=0xfb; P0=0xc0; Delayms（1）;            //显示“-”（共阳是0xbf）
    P2=0xf7; P0=tab[minute/16]; Delayms（1）;
    P2=0xef; P0=tab[minute%16]; Delayms（1）;
    P2=0xdf; P0=0xc0; Delayms（1）;            //显示“-”
    P2=0xbe; P0=tab[second/16]; Delayms（1）;
    P2=0x7f; P0=tab[second%16]; Delayms（1）;
}

/***********************************************************************
函数功能:主程序
入口参数:
出口参数:
***********************************************************************/
void main（void）
{
    initial_ds1302（）;   //初始化DS1302
    while（1）
    {
        read_time（）;
        display（）;
    }
}
```

参考文献

[1]周兴华.手把手教你学单片机C程序设计[M].北京：北京航空航天大学出版社，2007.

[2]王喜云.单片机应用基础项目教程[M]. 北京：机械工业出版社，2009.

[3]王云.51单片机C语言程序设计教程[M] .北京：人民邮电出版社，2018.